"十四五"测绘导航领域职业技能鉴定

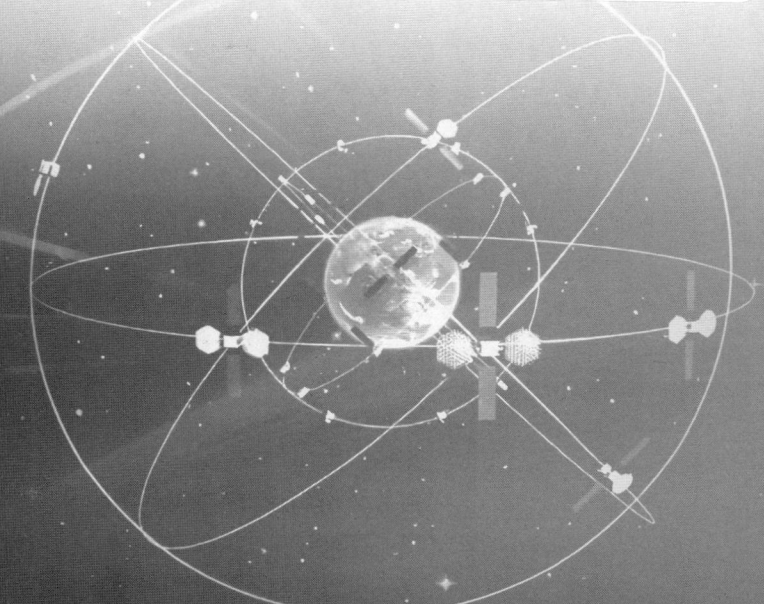

卫星导航技术

李军正 李万里 陈 轲 等编著

国防工业出版社
·北京·

内 容 简 介

本书立足于"卫星导航专业"职业技能鉴定的需求，介绍了卫星导航基础知识，涵盖卫星导航系统发展、时空基准、卫星运动规律描述、卫星导航系统组成与工作原理等多个方面，重点讲述了各个卫星导航系统的组成、工作原理、服务范围、性能指标、定位误差影响和差分改正等内容，最后还介绍了卫星导航安全对抗的知识，包括安全监测评估、导航干扰和抗干扰技术等。

本书是"十四五"测绘导航领域"卫星导航专业"的职业技能鉴定规划教材，也可供从事卫星导航工作的测绘工程技术人员学习参考。

图书在版编目(CIP)数据

卫星导航技术／李军正等编著． -- 北京：国防工业出版社，2025． -- ISBN 978-7-118-13644-9

Ⅰ．TN967.1

中国国家版本馆 CIP 数据核字第 2025HG2542 号

※

国防工业出版社出版发行
（北京市海淀区紫竹院南路 23 号 邮政编码 100048）
三河市天利华印刷装订有限公司印刷
新华书店经售

*

开本 710×1000 1/16 印张 9¼ 字数 158 千字
2025 年 5 月第 1 版第 1 次印刷 印数 1—1500 册 定价 56.00 元

（本书如有印装错误，我社负责调换）

国防书店：(010)88540777 书店传真：(010)88540776
发行业务：(010)88540717 发行传真：(010)88540762

前言

北斗卫星导航系统是中国着眼于国家安全和经济社会发展需要,自主建设、独立运行的卫星导航系统,是为全球用户提供全天候、高精度的定位、导航和授时服务的国家重要空间基础设施。北斗卫星导航系统按照"三步走"的总体规划,"先区域、后全球,先有源、后无源"的总体发展思路分步实施,形成突出区域、面向世界、富有特色的北斗卫星导航系统发展道路。在北斗卫星导航系统建设和运行过程中,其独特的星座特点和开放、兼容的建设理念,丰富了卫星导航系统的理论和应用模式,越来越受到社会各界的关注,应用逐渐广泛。

全书共分 7 章。第 1 章卫星导航基础知识,主要介绍卫星导航系统发展的概况、时空基准、卫星运动规律描述、导航电子地图等通用知识;第 2 章卫星导航系统组成与工作原理,主要介绍卫星导航系统组成、信号结构、伪随机码、距离测量的方法以及卫星导航工作原理;第 3 章北斗卫星导航系统,主要介绍北斗导航发展的意义、北斗一号、北斗二号和北斗三号的系统组成、工作原理、服务范围、性能指标等;第 4 章北斗卫星导航定位中的误差,主要介绍影响北斗导航的误差及其改正方法;第 5 章其他卫星导航系统,主要介绍 GPS、GLO-NASS、Galileo 和 IRNSS 等系统的时空基准、空间星座、信号结构与服务特点;第 6 章差分卫星定位,主要介绍差分定位导航的原理和基本方法;第 7 章卫星导航安全对抗,主要介绍导航安全对抗中的安全监测评估、导航干扰和抗干扰技术。

全书的编写主要由 4 位作者完成:李军正负责教材的组织、规划和设计,及第 2、5、7 章编写;陈轲负责第 1、6 章编写;丛佃伟负责第 3 章编写;李万里负责

第4章编写。本书在编写过程中还得到了许多专家和领导的支持和指点，其中信息工程大学地理空间信息学院张衡副教授对本书章节的编排提出了宝贵建议；信息工程大学地理空间信息学院张好、谢建涛分别对第2、3、7章给出了许多建设性意见。在此一并表示感谢。

由于编者水平所限，书中错误在所难免，敬请读者批评指正。

作者
2024年8月

目录

第1章　卫星导航基础知识 ··· 1

1.1　导航概述 ··· 1
1.1.1　导航的概念 ··· 1
1.1.2　导航的作用 ··· 1
1.2　无线电导航的发展 ··· 2
1.2.1　无线电导航方法 ··· 2
1.2.2　陆基无线电导航系统 ··· 2
1.2.3　卫星导航系统 ··· 4
1.3　卫星导航发展 ··· 5
1.3.1　NNSS 系统 ·· 6
1.3.2　GPS 系统 ··· 7
1.3.3　GLONASS 系统 ··· 7
1.3.4　BDS 系统 ··· 7
1.3.5　Galileo 系统 ··· 7
1.3.6　IRNSS 系统 ··· 8
1.4　常用坐标系统 ··· 8
1.4.1　坐标系的基本概念 ··· 8
1.4.2　卫星导航中常用坐标系 ·· 11
1.5　常用时间系统 ·· 14
1.5.1　时间的基本概念 ·· 15
1.5.2　卫星导航中常用时间系统 ·· 15
1.6　导航卫星运动的描述 ·· 18
1.6.1　卫星受力分析 ·· 18

  1.6.2 二体问题及轨道的描述 ·· 19
  1.6.3 北斗卫星导航系统的卫星轨道 ·· 20
 1.7 导航图基本知识 ··· 21
  1.7.1 地图基本知识 ·· 21
  1.7.2 导航电子地图 ·· 22
  1.7.3 路径规划 ··· 24

第 2 章 卫星导航系统组成与工作原理 ······································· 25

 2.1 卫星导航系统的组成 ·· 25
  2.1.1 空间星座部分 ·· 25
  2.1.2 地面监控部分 ·· 26
  2.1.3 用户设备部分 ·· 26
 2.2 卫星导航系统的信号结构 ·· 27
  2.2.1 电磁波 ·· 27
  2.2.2 测距信号 ··· 27
  2.2.3 导航电文 ··· 28
 2.3 伪随机测距码 ··· 28
  2.3.1 伪随机测距码 ·· 28
  2.3.2 伪随机测距码的产生过程 ·· 28
  2.3.3 伪随机测距码的相关特性 ·· 29
 2.4 距离测量方法 ··· 30
  2.4.1 无线电信号测距方法 ··· 30
  2.4.2 伪随机噪声码测距原理 ··· 31
 2.5 卫星导航工作原理 ·· 32
  2.5.1 RDSS 工作原理 ··· 33
  2.5.2 RNSS 工作原理 ··· 38

第 3 章 北斗卫星导航系统 ··· 46

 3.1 北斗卫星导航发展概述 ··· 46
  3.1.1 重要意义 ··· 46
  3.1.2 发展历程 ··· 47
  3.1.3 发展目标 ··· 47
  3.1.4 发展原则 ··· 47
  3.1.5 基本组成 ··· 48
  3.1.6 发展特色 ··· 48

3.2 北斗一号卫星定位系统 ································· 48
　　3.2.1 系统概况 ······································· 49
　　3.2.2 系统组成 ······································· 50
　　3.2.3 服务能力 ······································· 53
3.3 北斗二号卫星导航系统 ································· 54
　　3.3.1 系统概况 ······································· 55
　　3.3.2 系统组成 ······································· 55
　　3.3.3 信号结构 ······································· 57
　　3.3.4 伪随机测距码 ··································· 58
　　3.3.5 导航电文 ······································· 58
　　3.3.6 服务能力 ······································· 65
3.4 北斗三号卫星导航系统 ································· 66
　　3.4.1 系统概况 ······································· 66
　　3.4.2 系统组成 ······································· 66
　　3.4.3 信号结构 ······································· 68
　　3.4.4 导航电文 ······································· 70
　　3.4.5 服务能力 ······································· 72
　　3.4.6 后续发展 ······································· 76

第4章 北斗卫星导航定位中的误差 ····························· 78
4.1 时钟误差 ··· 78
　　4.1.1 卫星钟差 ······································· 79
　　4.1.2 接收机钟差 ····································· 79
4.2 卫星星历误差 ··· 79
4.3 大气传播延迟 ··· 79
　　4.3.1 大气特点概述 ··································· 79
　　4.2.2 对流层折射影响 ································· 80
　　4.2.3 电离层折射影响 ································· 81
4.4 多路径效应 ··· 81

第5章 其他卫星导航系统 ····································· 83
5.1 GPS 卫星导航系统 ····································· 83
　　5.1.1 GPS 系统组成 ··································· 83
　　5.1.2 GPS 的时空基准 ································· 86
　　5.1.3 GPS 的信号结构 ································· 87

5.1.4 GPS 的伪随机测距码 …………………………………………… 87
5.1.5 GPS 的导航电文 …………………………………………………… 89
5.1.6 GPS 的服务 ………………………………………………………… 91
5.2 GLONASS 卫星导航系统 ……………………………………………… 93
5.2.1 GLONASS 系统组成 ……………………………………………… 94
5.2.2 GLONASS 的时空基准 …………………………………………… 95
5.2.3 GLONASS 的信号结构 …………………………………………… 96
5.2.4 GLONASS 的伪随机测距码 ……………………………………… 97
5.2.5 GLONASS 的导航电文 …………………………………………… 98
5.2.6 GLONASS 的服务 ………………………………………………… 100
5.3 Galileo 卫星导航系统 ………………………………………………… 100
5.3.1 Galileo 系统组成 ………………………………………………… 101
5.3.2 Galileo 的时空基准 ……………………………………………… 103
5.3.3 Galileo 的信号结构 ……………………………………………… 103
5.3.4 Galileo 的伪随机测距码 ………………………………………… 104
5.3.5 Galileo 的导航电文 ……………………………………………… 104
5.3.6 Galileo 的服务 …………………………………………………… 105
5.4 IRNSS 系统 ……………………………………………………………… 107
5.4.1 IRNSS 系统组成 …………………………………………………… 107
5.4.2 IRNSS 的时空基准 ………………………………………………… 109
5.4.3 IRNSS 的信号结构 ………………………………………………… 110
5.4.4 IRNSS 的伪随机测距码 …………………………………………… 111
5.4.5 IRNSS 的导航电文 ………………………………………………… 111
5.4.6 IRNSS 的服务 ……………………………………………………… 112
5.4.7 IRNSS 的发展 ……………………………………………………… 112

第 6 章 差分卫星定位 …………………………………………………… 113

6.1 差分卫星定位概述 ……………………………………………………… 113
6.1.1 差分卫星定位理论基础 …………………………………………… 113
6.1.2 差分卫星定位基本原理 …………………………………………… 113
6.1.3 差分卫星定位系统组成 …………………………………………… 114
6.1.4 差分卫星定位分类 ………………………………………………… 115
6.2 差分卫星定位算法 ……………………………………………………… 116
6.2.1 位置差分 …………………………………………………………… 116
6.2.2 伪距差分 …………………………………………………………… 117

6.2.3　载波相位差分 ……………………………………………………… 118
6.3　局域差分 ……………………………………………………………………… 119
6.4　广域差分 ……………………………………………………………………… 120
　　6.4.1　系统构成 ……………………………………………………………… 120
　　6.4.2　基本原理 ……………………………………………………………… 121
　　6.4.3　系统特点 ……………………………………………………………… 121
6.5　网络差分 ……………………………………………………………………… 122
　　6.5.1　系统构成 ……………………………………………………………… 122
　　6.5.2　基本原理 ……………………………………………………………… 123
　　6.5.3　系统特点 ……………………………………………………………… 124

第7章　卫星导航安全对抗 ……………………………………………………… 125
7.1　导航安全监测评估 ……………………………………………………………… 125
　　7.1.1　空间信号质量 …………………………………………………………… 125
　　7.1.2　系统服务性能 …………………………………………………………… 126
7.2　卫星导航干扰技术 ……………………………………………………………… 126
　　7.2.1　卫星导航干扰的概念 …………………………………………………… 126
　　7.2.2　导航干扰的分类 ………………………………………………………… 127
　　7.2.3　压制式干扰 ……………………………………………………………… 127
　　7.2.4　生成式干扰 ……………………………………………………………… 128
　　7.2.5　转发式干扰 ……………………………………………………………… 133
7.3　卫星导航抗干扰 ………………………………………………………………… 135
　　7.3.1　卫星导航抗干扰技术 …………………………………………………… 135
　　7.3.2　卫星导航干扰源排除 …………………………………………………… 136

参考文献 …………………………………………………………………………… 138

第1章 卫星导航基础知识

1.1 导航概述

1.1.1 导航的概念

导航的基本概念,即要确定出发点和目的地及用于沿途指路的地物、地标或参考点的过程,用科学语言描述则是"定位+制导(指路)=导航"。所谓的定位就是确定目标的经度、纬度、高度、航向和姿态,以及它们随时间的变化,制导是寻求从出发点到目的地的最佳路径,两者加起来就是导航。

导航就是引导载体,根据目标的位置沿着所选定的路线并实时动态调整,安全、准确、及时、经济、便捷地到达目的地的科学和艺术。导航真正成为一门学科,称为科学技术,是在航海时代。传统导航的概念是关于引导船舶从一个地方到另一个地方的技术;现代导航泛指引导陆地、空中、水面、水下、太空等运载器安全准确地沿着所选定的路线、准时地到达目的地。现代导航不仅要解决运动载体移动的目的性,更要解决其运动过程的安全性、有效性和实时性。

按照不同的标准可以有不同种类的导航。根据导航采用手段的不同,可以分为天文导航、惯性导航、无线电导航、卫星导航等;根据引导目标种类的不同,导航可以分为舰船导航、车辆导航、航空导航、航天导航等。

1.1.2 导航的作用

导航的基本作用是回答目标"在哪里?去哪里?如何去?"三个方面的问题。"在哪里?"是定位的问题;"去哪里?"的问题需要根据导航任务获取;"如何去?"是制导的问题,靠安装在导航接收机里的导航软件根据实时位置、路网信息、实时路况等进行选择、判断和引导。导航最优化是使导航过程中的成本或代价最低,可以有不同的判断标准,如时间、距离或金钱等。

为实现基本功能,导航系统提供的导航信息包括:载体的位置、航向、速度、航行距离、时间、偏航距和偏航角等。例如,航班从郑州出发,希望准时到达北京,除了要知道出发机场和到达机场的位置外,更重要的是实时了解飞机在空中的实时位置、航向和速度。因为只有明确了飞机当前的位置参数,才能借助导航设备正确引导飞机到达目的地。再如,上级命令某部前往任务区执行任务,为了更加安全快捷地到达目的地,就需要就需要了解道路信息,车辆的实时位置、速度和方向,以及道路的通行状况等。

1.2 无线电导航的发展

1.2.1 无线电导航方法

无线电导航是利用无线电手段引导移动目标(如船舶、飞机、车辆、行人等)沿着设定的路线、在规定时间到达目的地的航行技术,是随着电子技术、计算机、集成电路、电波传播等技术的出现和应用发展起来的,并带动导航技术、导航设备及导航系统的发展。

无线电导航是通过测量无线电波从发射台到接收机的传输时间、方位等来确定目标位置的方法。按照无线电发射台所在位置的不同,无线电导航系统可以分为陆基无线电导航系统和星基无线电导航系统。常用的陆基无线电导航系统有罗兰 – C 导航系统、奥米伽导航系统、甚高频全向信标系统等;星基无线电导航系统就是卫星导航系统,目前正在运营的全球卫星导航系统有美国的 GPS、中国的 BDS、俄罗斯的 GLONASS 和欧盟的 Galileo 等,区域卫星导航系统有印度的 IRNSS 和日本的 QZSS 等。

陆基无线电导航系统的精度和服务范围与其工作频率有关,工作频率高则定位精度高,但单站信号覆盖范围小;工作频率低单站信号覆盖范围大,但定位精度低。星基无线电导航系统则可以克服陆基无线电导航系统的缺陷,实现定位精度和覆盖范围的完美结合。

1.2.2 陆基无线电导航系统

1. 罗兰 – C 导航系统

罗兰 – C 导航系统是工作频率为 100kHz 的脉冲相位双曲线定位系统,其导航定位原理如图 1 – 1 所示,可以根据接收机到导航台站 A、B 的距离差 ΔD_1 建立一个双曲线方程,根据接收机到导航台站 A、C 的距离差 ΔD_2 建立另一个双曲线方程,两个双曲线方程相交点 P 就是接收机的位置。

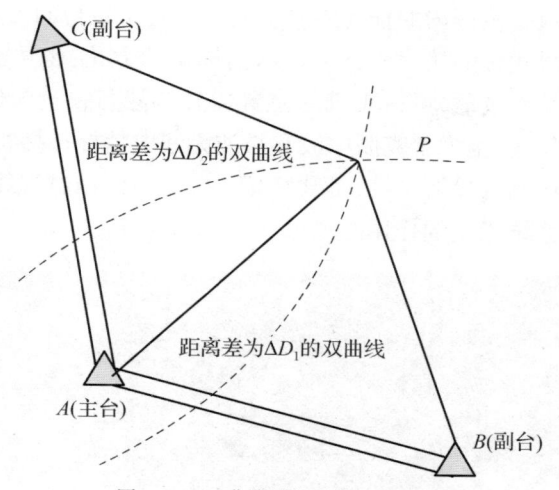

图1-1 双曲线导航系统工作原理

一个导航台组一般由3~5个地面导航台组成，其工作区域约2000km，为了覆盖全球，理论上需设置120多个地面导航台，由于受到地理及其他条件制约，地面导航台的地理分布受到限制，因此该系统不能全球覆盖。罗兰-C导航系统的精度受电波频率的限制，一般定位误差为100~200m。定位精度还与用户和导航台组的相对位置有关，离导航台组越远，误差越大。罗兰-C导航系统精度能满足一般航海导航的要求，但系统覆盖区域受限制。

罗兰-C导航系统目前在我国海洋导航领域仍有广泛的应用，如长河一号、长河二号导航系统等。

2. 奥米伽导航系统

奥米伽导航系统是工作频率为10kHz左右的相位双曲线定位系统，工作原理与罗兰-C导航系统相同。因工作频率较低，奥米伽导航台的信号覆盖范围更加庞大，其工作区域比罗兰-C大得多，建立8个地面导航台就可实现信号覆盖全球。但由于存在极区异常、突然的电离层扰动等原因使系统不能提供24h的全球覆盖。奥米伽导航系统虽能全球覆盖，但精度较差，定位误差为2~3km。

3. 甚高频全向信标系统

甚高频全向信标系统是一种主要用于空中交通管制的无线电导航系统。甚高频全向信标系统的军用系统称为"塔康"，民用系统称为"伏尔"。

伏尔站如图1-2所示，位于机场的台站向各个方向发播甚高频无线电信号，不同方向的无线电信号具有不同的相位或特征。这种系统能使飞机上的接收机在伏尔信号覆盖范围内的任何方向上测定相对于该台的方位角。飞机上装有可用于解释信号相位的接收机并可显示信标站的方位,也可测量到信标站的距离。距离和方位确定后,可得飞机的位置信息。甚高频全向信标系统最早出现于20世纪30年代,是为了克服中波和长波无线电信标传播特性不稳定、作用距离短的缺点而研制的导航系统,是甚高频(108~118MHz)视线距离导航系统。甚高频全向信标系统稳定的作用距离可达200km以上。

图1-2 伏尔站

甚高频全向信标系统优点:用于监视信号状态,测向准确度为4.5°;缺点:台站发射信号存在多路径反射干扰的缺点,对选择设台站场地有一定要求。

1.2.3 卫星导航系统

陆基无线电导航系统中,罗兰-C导航系统的精度高,但覆盖范围有限;奥米伽导航系统的覆盖范围广,但精度低。陆基无线电导航系统信号覆盖范围小的主要原因是受到地球表面弯曲和地形起伏的影响,如果把无线电导航台放到高空则可以实现在提高导航定位精度的同时扩大信号覆盖范围。

卫星导航系统属于星基无线电导航系统,卫星导航系统通过发射卫星群,由地面控制网测定卫星轨道等资料并发送给卫星,卫星将其位置和供测量的其他信息发送给用户,用户利用这种位置可知的空中目标,测得自己的位置。卫星导航系统提供了全球、全天候、高精度的导航服务。

全球卫星导航系统(Global Navigation Satellite System,GNSS)是一个能在地球表面或近地空间的任何地点为用户提供24h、三维位置和速度以及时间信息的星基无线电定位系统,包括一个或多个卫星星座及其支持特定工作所需的增强系统。具体包括美国全球定位系统(Global Positioning System,GPS)、俄罗斯全球导航卫星系统(GLobal Orbit Navigation Satellite System,GLONASS)、欧洲伽利略卫星导航系统(Galileo Navigation Satellite System,Galileo)、中国北斗卫星导航系统(BeiDou Navigation Satellite System,BDS)以及印度区域导航卫星系统

(Indian Regional Navigation Satellite System,IRNSS)和日本的准天顶系统(Quasi-Zenith Satellite System,QZSS)等。

卫星导航系统定位采用的体制有无线电测定业务(Radio Determination Satellite Service,RDSS)体制和无线电导航业务(Radio Navigation Satellite System,RNSS)体制两大类,采用这两种定位体制的导航系统工作原理也不相同。北斗卫星导航系统同时具备这两种定位体制的功能。

1.3 卫星导航发展

1957年10月,苏联成功发射了第一颗人造地球卫星,开创了人类利用太空的时代。美国约翰霍普金斯大学应用物理实验室在对该卫星发射的无线电信号进行监听时发现:当地面接收站的位置固定时,接收无线电信号的多普勒频移曲线与卫星轨道的一一对应关系如图1-3所示。该发现表明当地面接收站的坐标已知时,只要测得卫星的多普勒频移曲线,就可确定卫星的轨道。依据这项实验成果,该实验室设计了"反向观测方案":假如卫星运行轨道是已知的,那么根据接收站测得的多普勒频移曲线,便能确定接收站坐标。在此理论基础上,提出了研制卫星导航系统的建议。

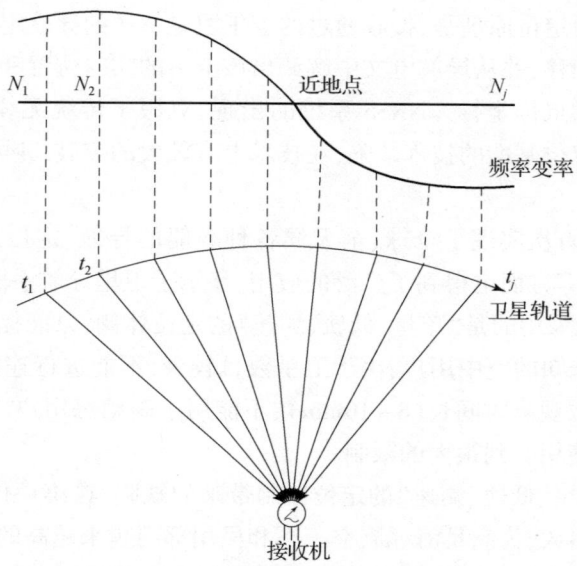

图1-3 多普勒频移与卫星轨道对应关系图

1.3.1 NNSS 系统

1958 年 12 月，美国海军武器实验室委托霍普金斯大学应用物理实验室设计并研制海军卫星导航系统（Navy Navigaiton Satelliet System，NNSS）。该系统于 1964 年 9 月研制成功并投入使用，1967 年 7 月，美国政府宣布该系统兼供民用。同时期苏联也建设了与美国海军卫星导航系统类似的"奇卡达（Tsikada）"卫星导航系统。

NNSS 系统的空间星座如图 1-4 所示，由 6 颗轨道高度约为 1000km 卫星分布在 6 个轨道面上，轨道面倾角为 90°，卫星运行周期 120min。由于卫星轨道通过地球南北极上空，与地球子午线相一致，因此又称为子午卫星导航系统（Transit）。NNSS 卫星发射 150MHz 和 400MHz 两种频率的载波，载波上调制了包含时间标记和轨道信息的导航电文。

NNSS 系统是一种以卫星为观测目标，以卫星到测站距离变化率为观测量的定位系统。用户定位原理是，接收通过的子午卫星发送的导航定位信号，测量该信号的多普勒频移，并从导航电文中解调出该卫星的实时位置和时标信息，依此而解算出用户的点位坐标。NNSS 系统的出现，克服了传统无线电导航以地面导航台站作为定位基准的技术缺陷，在技术上有较大的突破，兼顾了定位精度与服务范围。

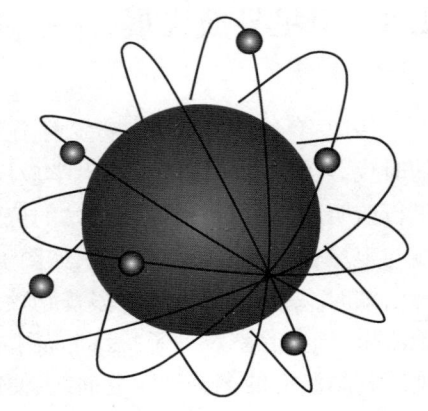

图 1-4 海军卫星导航系统空间星座示意图

NNSS 系统首次实现了全球、全天候各种舰船的导航、定位，同时在大地测量、高精度授时等方面也得到了广泛的应用，显示了卫星导航手段的优越性。但由于 NNSS 系统采用的是"单星、低轨、测速"的定位体制；只能提供二维导航解，不能用于高程未知的空中用户；由于卫星数目较少，不能进行连续定位（间隔约 1.5h）；单次定位观测时间长（8~10min），不能用于高动态用户。由于存在以上缺点，NNSS 的使用受到很大的限制。

为克服"单星、低轨、测速"的定位体制带来的缺陷，在第一代卫星导航定位系统投入使用不久，为满足海、陆、空三军和民用部门越来越高的导航需求，美国和苏联就已着手进行"多星、高轨、测距"定位体制的第二代卫星导航系统的研发工作。

1.3.2 GPS 系统

1973 年，美国国防部正式批准海、陆、空三军共同研制第二代卫星导航系统——GPS 系统，该系统 1993 年 12 月具备初始运行能力。GPS 卫星星座由位于 6 个轨道面内的 24 颗卫星组成，轨道高度约为 20000km，轨道面倾角为 55°，运行周期 11 小时 58 分钟。GPS 系统具备全球、全天候、连续、实时、高精度地定位、测速和授时服务能力，对人类活动产生了极大的影响。目前 GPS 已被广泛应用于各类定位、导航、高精度授时、大地测量、工程测量、地籍测量、地震监测等领域。GPS 的应用被美国前副总统戈尔称为"只受想象力的限制"。

由于 GPS 是美国军用导航系统，受美国的军事、政治等因素控制，故限制因素比较多。为了摆脱美国的控制，一些国家或集团建立了或计划建立符合自身应用的卫星导航定位系统。

1.3.3 GLONASS 系统

1976 年苏联开始研制与 GPS 系统类似的全球导航卫星系统 GLONASS。GLONASS 系统卫星星座由位于 3 个轨道面内的 24 颗卫星组成，轨道高度约为 19000km，轨道面倾角为 64.8°，运行周期 11 小时 15 分钟。1996 年 GLONASS 系统建成，打破了在卫星导航定位领域由美国 GPS 一统天下的局面。

1.3.4 BDS 系统

20 世纪后期，中国开始探索适合国情的北斗卫星导航系统发展道路，逐步形成了三步走发展战略：2000 年年底，建成北斗一号系统，向中国及周边提供服务；2012 年年底，建成北斗二号系统，向亚太地区提供服务；2020 年年底，建成北斗三号系统，向全球提供服务。

1.3.5 Galileo 系统

Galileo 系统是欧洲自主建设的世界上第一个民用卫星导航系统。Galileo 系统建设计划分为两个阶段实施，第一阶段是建立一个能与美国 GPS 和俄罗斯 GLONASS 兼容的 EGNOS 系统，该系统主要由 3 颗地球同步卫星和一个包括 34 个监测站、4 个主控制中心和 6 个陆地导航地面站的复杂网络组成，是一个广域差分增强系统；第二阶段是建立一个完全独立于 GPS 和 GLONASS 的卫星导航系统，其总体战略目标是建立一个高效、经济、民用的全球卫星导航定位系统，使其具备欧洲乃至世界交通运输业可以信赖的高度安全性，并确保未来的系统安全由欧洲控制和管理。

1.3.6 IRNSS 系统

印度于 2012 年底开始建设 IRNSS 系统,并公布了空间信号接口控制文档。印度区域导航卫星系统是一个独立的、由印度空间研究组织建立和控制的本土卫星导航系统。

IRNSS 系统服务区域为南纬 30°到北纬 50°、东经 30°到东经 130°,在服务区域内提供两种类型的服务,即提供给所有用户的标准定位服务(Standard Positioning Service,SPS)和提供给授权用户的授权服务(Restricted Service,RS)。

1.4 常用坐标系统

1.4.1 坐标系的基本概念

坐标系统是确定或描述空间点的位置所用的参考系,定义坐标系的基本要素包括:原点、坐标轴的类型及指向、单位长度。不同的定义方式对应不同的坐标形式,同一个空间点可以采用空间直角坐标(X,Y,Z)、球面坐标(r,δ,θ)、大地坐标(L,B,H)等不同坐标形式进行描述,坐标系统中的空间点位与坐标值之间存在一一对应的关系,因此,表示同一空间点位的不同坐标表示形式存在一定的转换关系,他们互称为等价坐标表示形式。同一空间点在不同坐标系统中,即使采用相同的表示形式,坐标值也不完全相同。不同坐标系统,可根据不同定义之间的关系进行转换。

1. 空间直角坐标

空间直角坐标用三个相互正交于一点的坐标轴表示,交点为坐标原点,空间点位坐标用该点到三个坐标轴的距离描述,一般用(X,Y,Z)表示。根据三个相互正交的坐标轴的指向关系不同,可分为左手坐标系和右手坐标系,左、右手坐标系的三轴关系如图 1-5 所示,常用的是右手坐标系。

2. 球面坐标

球面坐标是在右手空间直角坐标的基础上定义一个的球面进行描述,空间点 P 的位置用距离 r、方位角 α 和高度角 δ 表示。

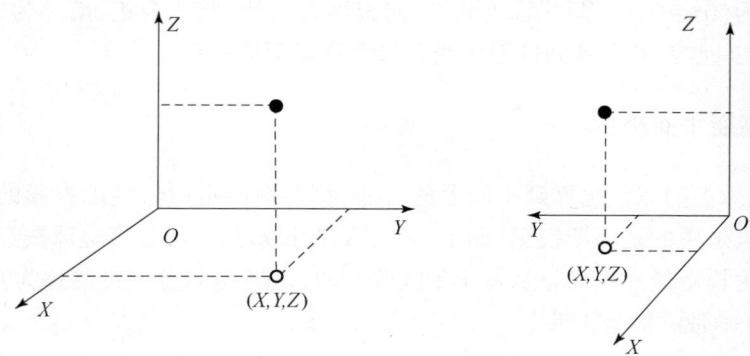

图 1-5 右手坐标系与左手坐标系

球面坐标描述方法如图 1-6 所示，球面坐标系原点在球心，与直角坐标系原点重合；第一参数 r 为空间点 P 到原点 O 的距离；第二参数 α 是方位角，为过空间点 P 的 ZOP 平面与 ZOX 平面的夹角（0°~360°），自 ZOX 平面开始向东起算；第三参数 δ 是高度角，为 OP 与水平面 XOY 的夹角（-90°~90°），向上为正，向下为负。

3. 大地坐标

大地坐标是以参考椭球面为基准面，以参考椭球面法线为基准线，空间点 P 的位置用大地经度 L，大地纬度 B，大地高 H 表示。

大地坐标描述方法如图 1-7 所示，大地经度为过空间点 P 的大地子午面与起始大地子午面的夹角，由起始子午面起，向东度量（0°~360°），也可由起始子午面向东、向西度量（0°~180°），向东称为东经，向西称为西经，向东为正，向西为负；大地纬度为过空间点 P 的法线与赤道面的夹角，由赤道面起，向南北两极

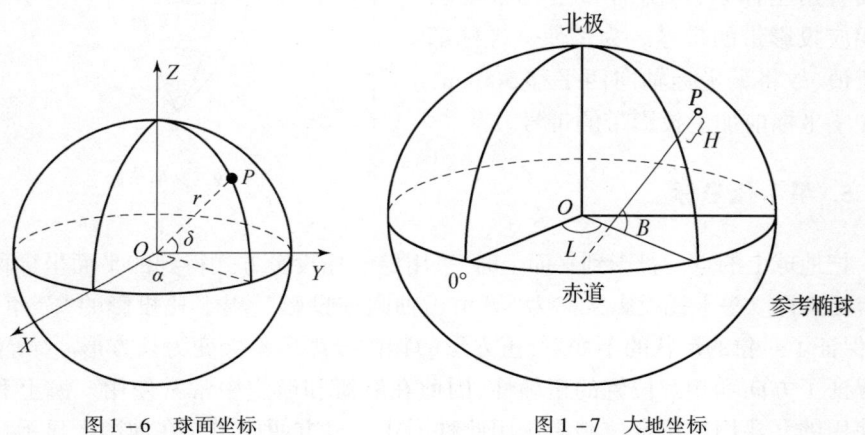

图 1-6 球面坐标　　　　　图 1-7 大地坐标

度量,各为(0°~90°),向北称为北纬,向南称为南纬,北纬为正,南纬为负;大地高 H 是空间点 P 沿参考椭球面法线到参考椭球面的距离。

4. 高斯平面坐标

把地球上的点位化算到平面上的方法,称为地图投影。地图投影的方法有很多,我国采用的是高斯投影(图1-8)。高斯投影的方法是将地球按经线划分为带,称为投影带。投影是从首子午线开始的,每隔6°划分一带的称为6°带,每隔3°划分一带的称为3°带。

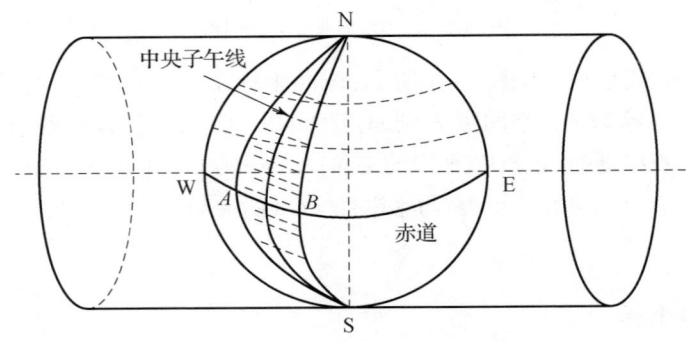

图1-8 高斯投影

高斯投影平面坐标(图1-9)是以中央子午线的投影作为纵坐标轴用 x 表示;将赤道的投影作横坐标轴,用 y 表示;两轴的交点作为坐标原点。

每一个投影带都有一个独立的高斯平面直角坐标系,区分各带坐标系则利用相应投影带的带号。为了使 y 坐标都为正值,故将纵坐标轴向西平移500km,并在 y 坐标前加上投影带的带号。

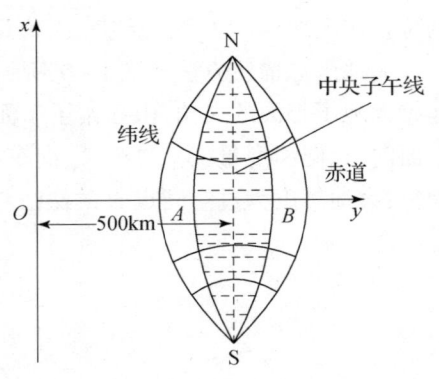

图1-9 高斯坐标

5. 墨卡托坐标

把地球上的点位投影到平面上时,采用墨卡托投影方式得到的平面坐标称为墨卡托坐标。墨卡托投影又称为"等角正轴圆柱投影",墨卡托投影的"等角"特性,保证了对象的形状的不变形,正方形的物体投影后不会变为长方形。"等角"也保证了方向和相互位置的正确性,因此在航海和航空中常常使用。海上和空中使用的北斗用户机定位结果选用此种形式可以方便使用并在地图上显示。

1.4.2 卫星导航中常用坐标系

卫星导航系统是一种星基无线电导航系统,对用户来说,卫星的位置是已知的;根据卫星运动规律,卫星围绕地球公转,其运动与地球自转无关;为了方便,通常选择与地球自转无关的点定义天球坐标系作为描述卫星运动的坐标系。导航用户一般位于地球表面或近地空间,其位置随地球自转而运动,采用地球上的点定义地球坐标系描述其位置较为方便。无论是天球坐标系还是地球坐标系均选择地球质心作为坐标系原点。

1. 天球坐标系

天球是为了研究天体的视位置和视运动方便而假想的一个球体,该球体以适当的位置为球心,以适当长度为半径,将需要研究的天体投影在球面上。为了研究方便,常选用地心作为天球中心。

天球坐标系通过天球上的一些点、线和面来描述,如图 1 - 10 所示,常用的有:天轴、天极、天赤道、黄道、黄极和春分点等。地球自转轴向两端延伸与天球体相交的轴线,称为天轴。天轴和天球面相交的两点称为天极,与地球北极方向一致的是北天极。地球赤道面向外延伸与天球面的交线圆,称为天赤道。地球绕太阳公转的轨道面为黄道面,黄道面与天球面的交线圆,称为黄道;过天球中心垂直于黄道面的直线与天球相交的两点,称为黄极,靠近北天极的点称北黄极。从地心看,太阳在黄道上作周年运动,当由南半球向北半球运动时经过天赤道的那一点,称为春分点。

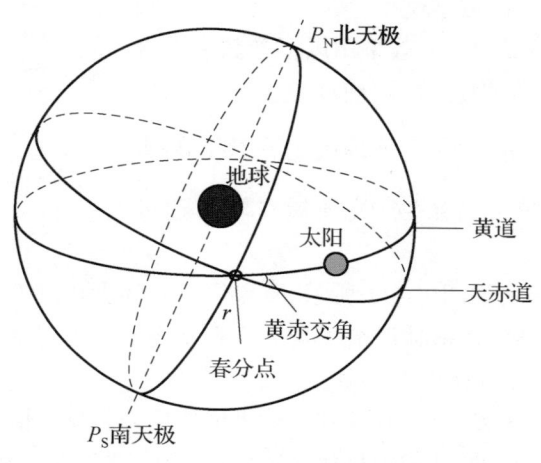

图 1 - 10 天球

天球坐标系定义如图 1-11 所示,原点位于地球质心,Z 轴为地球自转轴指向北极方向,X 轴指向春分点,Y 轴与 X 轴、Z 轴构成右手系。

由于受到其他天体作用力的影响,地球自转轴相对于惯性空间发生摆动,相应地天赤道也会发生改变,这种变化现象可分为长周期的

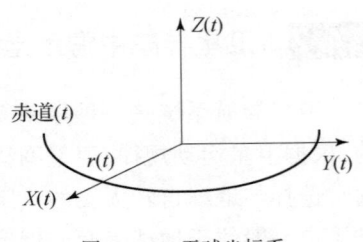

图 1-11 天球坐标系

岁差和短周期的章动。将由瞬时自转轴和春分点作为参考所定义的坐标系定义为瞬时极天球坐标系(Instantaneous Inertial System,IIS)。为研究方便,国际大地测量协会(International Association of Geodesy,IAG)国际天文联合会(International Astronomical Union,IAU)决定,从 1984 年 1 月 1 日后启用协议天球坐标系(Conventional Inertial System,CIS)。协议天球坐标系原点位于地球质心,坐标轴的指向是以 J2000.0 年为标准历元的赤道和春分点所定义。协议天球坐标系与瞬时极天球坐标系转换关系为:

$$\begin{bmatrix} X \\ Y \\ Z \end{bmatrix}_{IIS} = \Gamma N \begin{bmatrix} X \\ Y \\ Z \end{bmatrix}_{CIS} \quad (1-1)$$

式中:Γ 为岁差变换;N 为章动变换。

2. 地球坐标系

如图 1-12 所示,用来代表地球的旋转椭球称为地球椭球,是地球的数学模型,该椭球是由一椭圆围绕其短轴旋转而成的。一般采用以下参数来综合描述地球椭球的几何物理特性:椭球长半径 a;椭球短半轴 b;椭球扁率 $\alpha = \dfrac{a-b}{a}$;地球引力常数 GM;重力位球谐函数二阶带谐系数 J_2;地球自转角速度 ω 等。

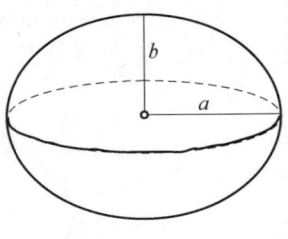

图 1-12 地球椭球

地球坐标系定义如图 1-13 所示,原点位于地球质心,Z 轴沿地球自转轴指向北极方向,X 轴指向过格林尼治平均天文台参考点的起始子午线和赤道面的交点,Y 轴与 X 轴、Z 轴构成右手系。

由于地球是一个弹性体,在受到其他天体作用力影响的情况下,自转轴在地球内部不是固定不变的,造成地极的位置发生变化,这种现象称为极移。以瞬时北极和格林尼治平均天文台为参考定义的坐标系称为瞬时极地球坐标系

(Instantaneous Terrestrial System,ITS)。1960年国际大地测量与地球物理联合会(International Union of Geodesy and Geoprysisi,IUGG)决定以1900年至1905年5月地球自转轴瞬时位置的平均值作为地球的固定极,称为国际协定原点(Conventional International Origin,CIO)(图1-14)。以国际协定原点和格林尼治平均天文台定义的坐标系称为协议地球坐标系(Conventional Terrestrial System,CTS)。

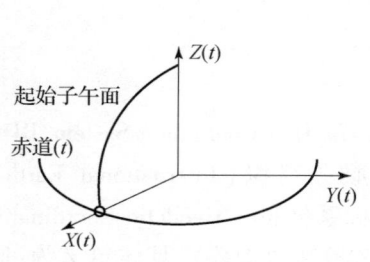

图1-13 地球坐标系　　图1-14 国际协定原点CIO

协议地球坐标系与瞬时极地球坐标系之间的变换关系如式(1-2)所示：

$$\begin{bmatrix} X \\ Y \\ Z \end{bmatrix}_{CTS} = R_2(-x_P)R_1(-y_P) \begin{bmatrix} X \\ Y \\ Z \end{bmatrix}_{ITS} \tag{1-2}$$

式中：$R_2(-x_P)R_1(-y_P)$为极移变换。

3. 天球坐标系与地球坐标系的关系

从地心看,格林尼治天文台的位置是不变的,春分点的位置是按照地球自转随时间变化的,过春分点的子午面与过格林尼治天文台的子午面的夹角称为格林尼治的春分点时角,简称春分点时角,如图1-15所示。

从坐标系定义可以看出：瞬时极天球坐标系与瞬时极地球坐标系的原点和Z轴相同,差异在于两者X轴的指向不同,两坐标系X轴的夹角为春分点时角θ_G,两坐标系的变换关系为

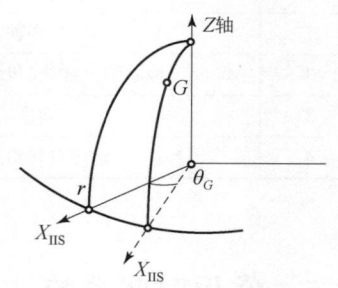

图1-15 春分点时角

$$\begin{bmatrix} X \\ Y \\ Z \end{bmatrix}_{ITS} = R_Z \theta_G \begin{bmatrix} X \\ Y \\ Z \end{bmatrix}_{IIS} \tag{1-3}$$

卫星导航定位中描述卫星位置采用的是协议天球坐标系，描述接收机位置采用的是协议地球坐标系，在定位解算中需要将两者转换到同一个坐标系中，根据实际需要将协议地球坐标系作为目标坐标系。

由协议天球坐标系到协议地球的变换关系为

$$\begin{bmatrix} X \\ Y \\ Z \end{bmatrix}_{CTS} = R_y(-x_P)R_x y_P R_z \ \theta_G \ N\Gamma \begin{bmatrix} X \\ Y \\ Z \end{bmatrix}_{CIS} \quad (1-4)$$

4. 北斗卫星导航系统的空间基准

北斗卫星导航系统采用北斗坐标系（BeiDou Coordinate System，BDCS）。北斗坐标系的定义符合国际地球自转服务组织（International Earth Rotation Service，IERS）规范，与2000中国大地坐标系（China Geodetic Coordinate System，CGCS2000）定义一致（具有完全相同的参考椭球参数），具体定义为：原点位于地球质心；Z轴指向IERS定义的参考极方向；X轴为IERS定义的参考子午面与通过原点且同Z轴正交的赤道面的交线；Y轴与Z、X轴构成右手直角坐标系；长度单位是国际单位制米（中国卫星导航系统管理办公室，2013年、2016年、2017年、2018年、2019年）。

BDCS参考椭球的几何中心与地球质心重合，参考椭球的旋转轴与Z轴重合。BDCS参考椭球定义的基本常数如表1-1所示。

表1-1 BDCS坐标系常数表

序号	参数	定义
1	长半轴	$a=6378137.0\text{m}$
2	地心引力常数（包含大气层）	$u=3.986004418\times10^{14}\text{m}^3/\text{s}^2$
3	扁率	$f=1/298.257222101$
4	地球自转角速度	$\dot{\Omega}_e=7.2921150\times10^{-5}\text{rad/s}$

1.5 常用时间系统

在卫星导航领域，时间是精确描述人造地球卫星运行位置的前提，也是利用卫星进行导航定位的重要基准。利用卫星导航系统进行导航定位时，必须获得高精度的时间信息，其意义主要体现在卫星位置的描述和卫星到接收机距离的测量两个方面。

卫星导航定位中所说的时间包含有"时刻"和"时间间隔"两个概念。时刻就是一个事件发生的瞬间,在卫星导航定位中,所获导航数据对应的时刻称为历元。时刻测量称为绝对时间测量。时间间隔是指发生某一事件所经历过程的长度,是事件发生开始与结束时刻之差。时间间隔测量称为相对时间测量。

1.5.1 时间的基本概念

1. 时间定义的方法

定义一个时间系统需要确定时间系统的起始历元和时间尺度,其中起始历元可根据实际情况加以选定,尺度是时间系统的基准。

2. 时间的基准

时间的基准一般通过可观察的周期性运动现象来定义。定义时间系统的运动应满足的条件:连续性;周期性且周期具有充分的稳定性和复现性。

在实际应用中,根据采用周期性运动现象以及观测周期性运动的参考点不同,可定义不同的时间系统。

1.5.2 卫星导航中常用时间系统

1. 世界时系统

世界时系统(Universal Time,UT)是以地球自转为基准的时间系统,根据观察地球自转运动时所选空间参考点不同,世界时系统分为:恒星时、平太阳时和世界时等。

1)恒星时

恒星时是以恒星作为参考点定义的时间系统,由于天球上恒星较多,学术界将与恒星类似的春分点为参考点,由春分点的周日视运动所定义的时间,称为恒星时(Sidereal Time,ST),春分点连续2次经过上中天所确定的时间为1个恒星日。

2)平太阳时

恒星时普通人使用起来不方便,太阳的周日视运动定义的时间观测方便。由于地球的公转轨道为一个椭圆,根据开普勒定律,从地球上观测太阳的周日视运动速度是不均匀的,不符合建立时间系统的基本要求。

假想一个参考点的视运动速度等于太阳周年视运动的平均速度,这个假想的参考点称为平太阳,以平太阳的周日视运动所定义的时间称为平太阳时(Menn Solar Time,MT)。平太阳连续两次经过本地上中天的时间间隔为一个平太阳日。

太阳时与恒星时的关系如图 1 – 16 所示,太阳时的一天比恒星时的一天时间要长。

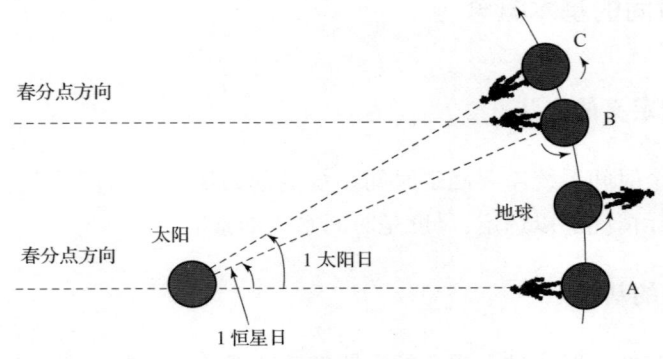

图 1 – 16　恒星时与太阳时的关系

3)世界时

恒星时和平太阳时都具有地方时的特征,交流起来不方便,世界时可以克服地方时的局限。世界时是以子夜为零时起算的格林尼治平太阳时(Greenwich Mean Solar Time,GMT)。世界时与格林尼治平太阳时的转换关系为

$$UT = GMT + 12h \qquad (1-5)$$

2. 原子时

随着现代科学技术的不断发展,以地球自转为基准的世界时系统,已经很难满足科研工作对时间准确度和稳定度的要求。科学研究发现物质内部原子振荡具有很高的准确度和稳定度,为此人们便开始建立以原子运动的特征为基础的时间系统——原子时(Atomic Time,AT),根据不同的原子震荡可以建立不同的原子频标,如表 1 – 2 所示。

表 1 – 2　不同原子钟频标的准确度和稳定度

准确度与稳定度	原子频标类型			
	石英钟	铷钟	铯钟	氢钟
误差 1μs 的时间	1s ~ 10d	1 ~ 10d	7 ~ 30d	7 ~ 30d
相对频率稳定度	$10^{-6} \sim 10^{-12}$	$10^{-11} \sim 10^{-12}$	$10^{-11} \sim 10^{-13}$	10^{-13}

由于不同原子频标稳定度不同,国际上统一的原子时秒长的定义为:位于海平面上的^{133}Cs原子基态两个超精细能级,在零磁场中跃迁辐射振荡9192631770周期所持续的时间为1原子秒,也为国际时间单位。

国际原子时(International Atomic Time,IAT)的起点为:世界时1958年1月1日0时(国际原子时与世界时的时刻之差为0.0039s),世界时与国际原子时的转换关系为

$$IAT = UT - 0.0039s \tag{1-6}$$

3. 协调世界时

协调世界时(Coordinated Universal Time,UTC),简称协调时,是一种以原子时秒长为基础,在时刻上尽量接近于世界时的一种折中的时间系统。目前,几乎所有国家时间的发播,均以协调世界时为基准。

协调世界时采用闰秒(Leap Second)的方法,实现协调世界时与世界时的时刻相接近,闰秒一般在年末或半年末加入,具体日期由国际地球自转服务组织(IERS)安排并通告。用时间间隔计数器观测可获得的闰秒结果如图1-17所示,近年来协调世界时出现闰秒的统计情况如表1-3所示。

图1-17 闰秒现象

表1-3 UTC近年来闰秒统计表(从1980年1月6日开始)

序号	时间	累计闰秒数	序号	时间	累计闰秒数
1	1981.06.30	1	11	1995.12.31	11
2	1982.06.30	2	12	1997.06.30	12
3	1983.06.30	3	13	1998.12.31	13
4	1985.06.30	4	14	2005.12.31	14
5	1987.12.31	5	15	2008.12.31	15
6	1989.12.31	6	16	2012.06.30	16
7	1990.12.31	7	17	2015.06.30	17
8	1992.06.30	8	18	2016.12.31	18
9	1993.06.30	9	…	…	…
10	1994.06.30	10	…	…	…

4. 北斗卫星导航系统采用的时间基准

北斗卫星导航系统的时间基准为北斗时(BeiDou Navigation Satellite System Time,BDT),是整个系统的时间基准,BDT 采用国际单位制秒为基本单位连续计量,无闰秒,起始历元为协调世界时(UTC)2006 年 1 月 1 日 00 时 00 分 00 秒,表达方式采用"周 + 秒"。BDT 通过中国国家授时中心(National Time Service Center,NTSC)维持的 UTC 与 UTC 建立联系,BDT 与 UTC 的偏差保持在 50ns 以内(模 1s)。BDT 与 UTC 之间的闰秒信息在导航电文中播报(中国卫星导航系统管理办公室,2013 年、2018 年)。

1.6　导航卫星运动的描述

1.6.1　卫星受力分析

人造卫星绕地球运动时(图 1 – 18),受到地球引力 F_e、太阳引力 F_s、月亮引力 F_m、太阳光压 F_p、大气阻力 F_a、地球潮汐力 F_{rc} 和其他天体引力等多种作用力的影响。在各种作用力中地球引力最为主要,其他作用力的影响相对较小,如果假设地球引力为 1,则其他作用力均小于 10^{-5}。

地球是一个质量分布不均匀、不规则的椭球体(图 1 – 19),引力场比较复杂。为了实际应用的方便,我们通常把地球视为密度均匀的球体和非均质部分的叠加。均质球体部分所产生的引力,称为中心引力,非均质部分称为非中心引力。如果假设中心引力为 1,则非中心引力小于 10^{-3}。中心引力决定了卫星运动的基本规律和特征,由此所决定的卫星轨道,可视为理想的轨道,是我们分析卫星实际轨道的基础。

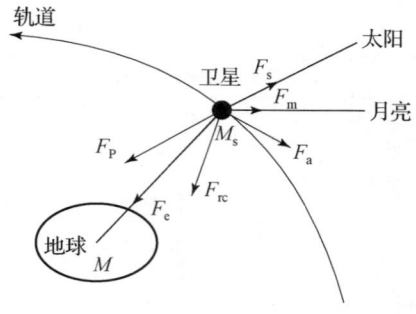

图 1 – 18　卫星受力分析

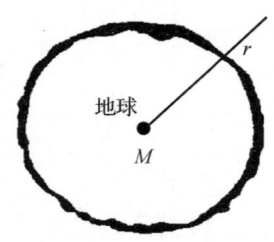

图 1 – 19　地球对卫星的引力

中心引力以外的作用力称为摄动力,包括地球非球形部分引力、太阳引力、月亮引力、大气阻力、太阳光压以及地球潮汐力等,摄动力的影响相对较小。只考虑中心引力情况下卫星的运动称为无摄运动,相应的卫星轨道称为无摄轨道。摄动力的作用,使卫星的运动偏离理想轨道。在摄动力的作用下卫星的运动称为受摄运动,相应的轨道称为受摄轨道。

1.6.2 二体问题及轨道的描述

二体问题就是研究惯性系中的两个质点在万有引力作用下的动力学问题。我们可以把只考虑地球中心引力的作用条件下卫星的运动,称为二体问题条件下的卫星运动。

卫星二体运动情况如图1-20所示,$O-XYZ$为惯性系,E为地球,S为卫星,r为地球到卫星的方向向量,r_S为卫星在惯性系的位置,r_E为地球在惯性系的位置。

根据牛顿万有引力定律,在惯性坐标系下,卫星与地球之间的引力加速度$\ddot{r}$可表示为

$$\ddot{r} = -G(M+m)\frac{r}{r^3} \quad (1-7)$$

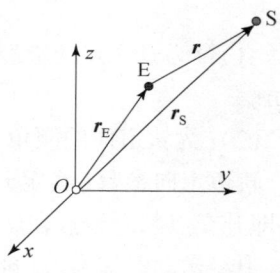

图1-20 卫星二体运动的描述

式中:G为万有引力常数;M为地球质量;m为卫星质量;r为卫星的地心向径;r为卫星到地心的距离。卫星的质量m相对地球质量M可以忽略,则表示为

$$\ddot{r} = -GM\frac{r}{r^3} = -\mu\frac{r}{r^3} \quad (1-8)$$

式中:$\mu = GM$为天文常数。式(1-8)是二体运动微分方程,通过对该方程的积分求解可以获得描述卫星运动的轨道参数。

二体问题轨道运动,可通过对二体问题微分方程式积分过程中获得的积分常数来描述,积分方法和积分过程不同所得到的常数也不相同。式(1-8)的三维分量是三元二阶微分方程组,可以获得6个积分常数。常用的为一组应用广泛、含义明确的参数,称为开普勒轨道参数(图1-21)。图中卫星轨道与赤道面的交点成为轨道交点,其中由南向北经过赤道的交点称为升交点。

轨道形状参数(确定卫星运动轨道椭圆形状和大小的参数):

(1)a为轨道椭圆的长半轴。

(2)e为轨道椭圆的偏心率。

轨道平面参数(确定卫星运动轨道椭圆平面在天球坐标系位置的参数):

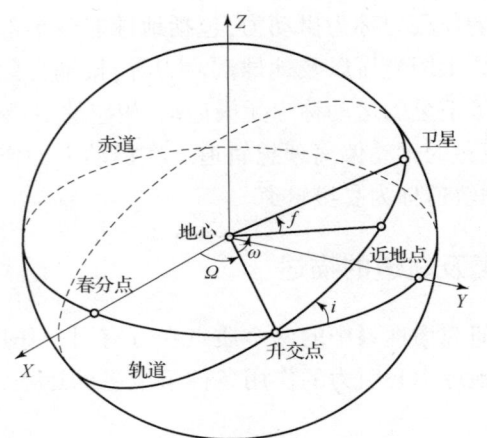

图1-21 开普勒轨道参数

(1) Ω 为升交点的赤经,即在天球赤道平面上,升交点与春分点之间的地心夹角。

(2) i 为轨道面的倾角,即卫星轨道平面与地球赤道面之间的夹角。

轨道定向参数(确定开普勒椭圆在轨道面上的指向参数): ω 为近地点角距,即升交点与近地点在轨道平面上的地心夹角。

卫星运动时间参数(确定卫星在轨道上的瞬时位置的参数): f 为卫星的真近点角,即卫星与近地点在轨道平面上的地心夹角。

轨道面参数、轨道形状参数、轨道定向参数和卫星运动时间参数一旦确定,卫星在任意时刻在天球坐标系的空间位置、速度便可确定。

1.6.3 北斗卫星导航系统的卫星轨道

北斗卫星导航系统采用三种类型轨道的卫星:地球静止轨道、倾斜地球同步轨道和中圆地球轨道卫星(中国卫星导航系统管理办公室,2019年)。

地球静止轨道(Geostationary Earth Orbit,GEO),特别指卫星垂直于地球赤道上方的正圆形地球同步轨道,属于地球同步轨道的一种。在这种轨道上运动的卫星或人造卫星始终位于地球赤道上空的同一位置。GEO卫星轨道高度为35786km,轨道偏心率和轨道倾角均为零。运动周期与地球自转周期相同,为23小时56分04秒。由于在静止轨道运动的卫星的星下点轨迹是一个点,所以地表上的观察者在任意时刻始终可以在天空的同一个位置观察到卫星,会发现卫星在天空中静止不动。

倾斜地球同步轨道(Inclined Geosynchronous Orbit,IGSO),是一类特殊的地球同步圆轨道,轨道高度跟GEO卫星轨道高度一样,均属于地球同步轨道。其星下点轨迹是呈"8"字形,交点在赤道上的封闭曲线,卫星的星下点在地面上为重复的轨迹。北斗采用的 IGSO 卫星轨道高度为 35786km,轨道倾角为 55°。

中圆地球轨道(Medium Earth Orbit,MEO),是指卫星轨道高度在低轨卫星(1000km)以上,地球静止轨道以下的卫星轨道,轨道呈近圆形。北斗采用的 MEO 卫星轨道高度为 21528km,轨道倾角为 55°。

1.7 导航图基本知识

1.7.1 地图基本知识

1. 地图的概念与分幅

地图指的是地表起伏形态和地理位置、形状在水平面上的投影图。具体来讲,将地面上的地物和地貌按水平投影的方法,并按一定的比例尺缩绘到图纸上。

地图的种类很多,北斗用户机上常用的有影像地图、地形图和导航电子地图等,在需要时可以装载和更新。

国家基本比例尺地图是按照国家制定的统一规格、用指定的方法测制或根据可靠的资料编制的详细表达普通地理要素的地图。我国的国家基本比例尺地图的比例尺包括:1∶500、1∶1000、1∶2000、1∶5000、1∶1万、1∶2.5万、1∶5万、1∶10万、1∶25万、1∶50万、1∶100万。地图分幅是指按一定方式将广大地区的地图划分成尺寸适宜的若干单幅地图,以便于地图制作和使用,常见分幅形式有矩形分幅和经纬分幅。

2. 地图的内容

地图的基本内容包括数学基础、地理要素、辅助要素三类。

1) 数学基础

数学基础是确定地图空间信息的依据,主要有控制点、坐标系统、比例尺和地图定向四个部分。

(1) 控制点包括平面控制点(天文点、三角点)、高程控制点(水准点)。

(2) 坐标系统有地理坐标网(经纬线网)和直角坐标网(方里网)。

(3) 地图上某线段的长度与实地相应线段的水平长度之比称为地图比例尺,它决定了实地的轮廓转变为制图表象的缩小程度。

(4) 地图定向是指磁子午线、真子午线和坐标纵线在地图上的方向。通常也称作三北方向,即真北方向、磁北方向和坐标北方向三个方向。

2)地理要素

地理要素是地图的主体,表达地理信息的各种图形符号、文字注记。

普通地图的地理要素一般包括自然要素和人文要素。在地图内容中,地理要素是地图的主体。自然要素主要包括水系、地貌、土质植被等内容。人文要素主要包括独立地物、居民地、交通网、行政境界等内容。地理要素可通过各类符号表示,通常还需要使用注记表示其名称、属性等。

专题地图除了地理基础要素,还包括其主题要素。

3)辅助要素

辅助要素是一组为方便使用而附加的文字和工具性资料,对主要图件在内容与形式上的补充,包括图名、图号、接图表、外图廓、分度带、图例、坡度尺、图解、编图单位、编图时间和依据等,以及对坐标系统、地图定向、比例尺的说明。

1.7.2 导航电子地图

导航电子地图是指含有空间位置地理坐标,能够与空间定位系统结合,准确引导人或交通工具从出发地到达目的地的电子地图及数据集。

电子地图可以非常方便地对普通地图的内容进行任意形式的要素组合、拼接,形成新的地图,还可以对电子地图进行任意比例尺、任意范围的绘图输出,非常容易进行修改,缩短成图时间。而且能够很方便地与卫星影像、航空照片等其他信息源结合,生成新的图种。利用数字地图记录的信息,派生新的数据,如地图上等高线表示地貌形态,但非专业人员很难看懂,利用电子地图的等高线和高程点可以生成数字高程模型,将地表起伏以数字形式表现出来,可以直观立体地表现地貌形态。

1. 导航电子地图的主要特征

导航电子地图主要用来对移动设备进行导航,其主要特征如下:

(1)能实时准确地显示位置、跟踪车辆行驶过程。

(2)数据库结构简单、拓扑关系明确、可计算出发地与目的地之间的最佳线路,"最佳"的标准可以为时间、距离、收费等。

(3)数据存储冗余小,软件运行速度快,空间数据处理与分析操作时间短。

(4)包含导航所需的交通信息,如限速标志、交叉口转弯限制、信号灯等。

(5)信息查询灵活方便。

2. 导航电子地图的数据类型

电子地图中的数据可以分为空间数据和非空间数据两大类。空间数据又称为几何数据,用来表示物体的位置、形态、大小和分布等特征信息,根据空间数据的几何特点,又可以分为图形数据和图像栅格。非空间数据主要包括专题属性数据、质量描述数据和时间因素等语义信息,是空间数据的语义描述,反映了空间实体的本质特征。非空间数据在导航电子地图中用于信息查询和数据分析。

3. 导航电子地图的数据特征

电子地图中的数据特征可以包含以下几个方面:
(1)质量特征。
电子地图中的数据包括物理、化学、自然、经济等多个方面。
(2)数量特征。
居民地人口、线状物长度、面状物的面积、土壤的酸碱度、雨量、温度等。
(3)时间特征。
各种自然的人工地图对象均有其产生、存在及消失的时间,地图数据的时间特征直接反映了地图对象的时间变化规律。
(4)空间特征。
地图对象在地理空间的分布及相互关系。

4. 导航参数的可视化

与普通地图相比,导航电子地图除了将地理要素呈现给用户之外,还要将载体的位置、速度、航向等导航参数可视化,导航用户根据导航参数值,人工或自动调整运动载体的运动参数,从而实现导航的目的,引导载体安全、有效、准时地到达目的地。

载体的位置可以用图标显示在地图上的相应位置。

载体的运动速度信息包括:即时速度、最大速度、平均速度等。即时速度,即载体的当前的运行速度;最大速度,速度曾经达到的最大值;平均速度,平均速度记录的是载体处于运动状态下的平均速度,根据载体到目前为止运动的路程除以系统运动的时间计算得到。运动速度可以用数字显示,也可以将速度取值划分为多个区间,用不同的色彩表示。

载体运动的航向可以用指针表示。可以取方位度盘固定,指针随载体航向的变化而变化,也可以指针的指向不变,度盘随航向的变化而发生旋转。通常使用有一个特殊方向的图标来表示载体位置,其特殊方向(如箭头形图标的尖端方向、车辆型图标的车头方向)即可作为表示航向的指针。

1.7.3 路径规划

　　航路点是指用户机采集的,可以用来作为标志点的位置,在北斗用户机中航路点包括点位编号、位置(经度、纬度和高程)和采集时间等信息。航线是规划好的,是按照一定顺序组成、设置起点和终点的一组航路点数据。航迹是指船舶、车辆和人员等航行时的轨迹。

　　连接起点位置和终点位置的序列点或曲线称为路径,构成路径的策略称为路径规划。路径规划分为基于先验完全信息的全局路径规划和基于传感器信息的局部路径规划。从获取障碍物信息是静态或是动态的角度看,全局路径规划属于离线规划,局部路径规划属于在线规划。全局路径规划需要掌握所有的环境信息,根据环境地图的所有信息进行路径规划;局部路径规划只需要由传感器实时采集环境信息,了解环境地图信息,然后确定出所在地图的位置及其局部的障碍物分布情况,从而可以选出从当前节点到某一子目标节点的最优路径。最优路径的标准通常有距离最短、代价最小、费用最低等,具体可根据实际任务的需求进行选择。北斗用户机一般采用的是离线规划,同时在相邻航路点之间采用直线连接。

第 2 章 卫星导航系统组成与工作原理

卫星导航系统的基本结构大体一致,本章从概况的角度简要介绍卫星导航系统的基本组成、各部分的功能、导航信号结构以及工作的基本原理等,各导航系统的具体情况在相应的章节中会有详细的介绍。

2.1 卫星导航系统的组成

卫星导航系统的组成如图 2-1 所示,包括空间星座部分、地面监控部分、用户设备部分三大部分。

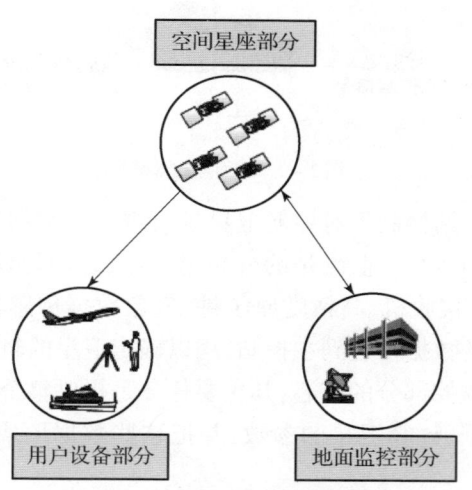

图 2-1 卫星导航系统基本组成

2.1.1 空间星座部分

空间星座是指用于完成特定航天任务的多颗卫星按照一定轨道布设、形成稳定的空间几何构型,保持固定空间关系的卫星系统。卫星星座构型是对星座中卫星的空间分布、轨道类型以及卫星间相互位置关系的描述。

导航卫星作为空间位置已知的导航观测目标,必须具备的基本功能包括:接收由地面监控发来的控制信息、执行控制指令；对地面监控发来的数据进行部分必要的处理工作；由星载的原子钟提供精密的时间频率基准；生成并向地面发送导航信号。

2.1.2 地面监控部分

地面监控部分构成如图2-2所示，按功能可分为监测站、主控站、注入站三类。

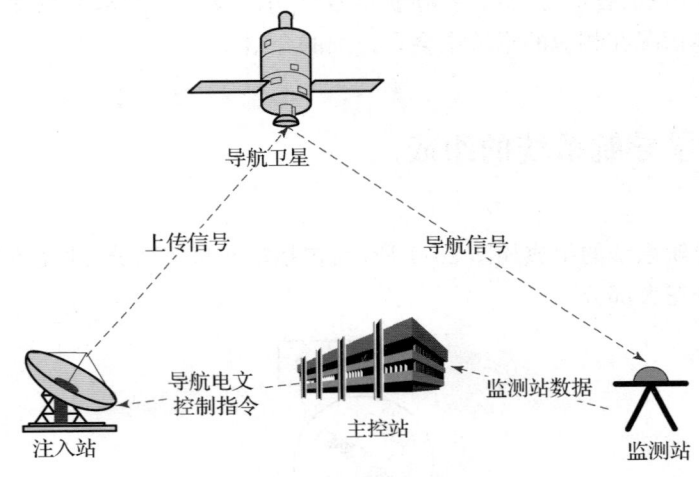

图2-2　地面监控部分

监测站是在主控站控制下对导航卫星进行观测的数据采集中心，其主要功能是监控所有卫星的运行。监测站的分布越广泛、越均匀效果越好。监测站内配备有测量型GNSS接收机、高精度原子钟、气象数据传感器、计算机和通信网络等。监测站采集的数据传送到主控站，用以确定卫星的轨道、钟差等。

主控站是地面监控部分的核心，其主要任务是提供整个系统的时间基准，根据监测站的观测数据，计算卫星的参数，并把这些数据形成导航电文传送到注入站。

注入站的主要任务是在主控站的控制下，将主控站推算和编制的导航电文和其他控制指令等注入相应卫星，并监测注入信息的正确性，注入站的主要设备就是上行发射天线。

2.1.3 用户设备部分

用户设备就是各种类型的接收机，包括主机、天线、电源、数据处理软件、微处理机和显示设备。用户设备的主要任务是接收卫星发射的导航信号，获得必要的导航信息及观测量,并经数据处理完成导航定位工作。

接收机种类较多,通常可以按照用途、用户类别来划分。按照用途不同可以分为导航型接收机、测量型接收机、授时型接收机等。按照用户类别不同可以分为军用用户(或授权用户)和民用用户(或非授权用户),民用用户和非授权用户可以使用公开信号,不能使用授权信号或服务。

2.2　卫星导航系统的信号结构

导航卫星发播的信号是接收机进行导航定位的基础,根据不同原理设计的卫星导航系统提供的导航信号也不尽相同。如美国的海军导航卫星系统、北斗卫星导航系统的 RDSS 导航信号主要由载波和调制在载波上的导航电文组成;美国的 GPS、俄罗斯的 GLONASS、北斗卫星导航系统的 RNSS 和印度的 IRNSS 等导航信号由电磁波及调制在电磁波上的测距码和导航电文组成。

2.2.1　电磁波

卫星导航采用电磁波作为导航信号的载体,在载波上调制导航定位所需要的测距信号和数据信息。

现在的卫星导航系统一般选择 L 频段作为载波频率,是综合频率的可用性、传播影响和系统设计的最佳折中方法。大气对不同波段电磁波的吸收情况不同,选择 L 频段,可减少大气层中氧、水汽等对电磁波的吸收,减小卫星信号的功耗,降低卫星信号发播功率。从地面接收设备来说,可降低用户设备功耗和信号接收灵敏度的要求,有利于接收卫星导航信号。当前导航系统采用载波的频率范围为 $1.0 \sim 2.0 \mathrm{GHz}$。

2.2.2　测距信号

由于不同导航系统采用的导航定位的体制不同,所以不同导航系统采用不同的测距信号,测距信号包括脉冲测距信号和连续测距信号两种。

脉冲测距信号是一种调制在载波信号上用于测量卫星至地面用户设备间距离的脉冲,北斗卫星导航系统的 RDSS 导航信号中采用的就是与脉冲测距信号相类似的信号。

连续信号是一种调制在载波信号上用于测量卫星至地面用户设备间距离的二进制码。GPS、GLONASS、Galileo、IRNSS、北斗卫星导航系统的 RNSS 等的导航信号中都采用一种被称为伪随机码的连续测距信号。

2.2.3 导航电文

导航电文是包含有关卫星的星历、卫星工作状态、时间信息、卫星钟状态、轨道摄动改正和其他用于实现导航定位所必需的信息,是利用卫星进行导航的数据基础。导航电文是卫星以二进制码的形式发播给用户的导航定位数据,故称为数据码。不同卫星导航系统、不同频点采用的导航电文格式也不尽相同。

导航电文是二进制数据流,它按一定格式组成数据帧(Data Frame),并按帧向外发送。

2.3 伪随机测距码

目前卫星导航系统 RNSS 定位采用的是伪随机测距码。伪随机测距码就是一种连续测距信号。二进制信号出现一次"0"或"1",称为一个码元。一个码元所对应的时间长称为码元长,也就是传送一个二进制码所需的时间。单位时间内出现的码元个数,称为码频率。

2.3.1 伪随机测距码

伪随机噪声码(Pseudo Random Noise,PRN),是一种可预先确定并可以重复产生和复制,又具有随机统计特性的二进制码序列,也称为伪随机码、伪随机测距码等。

卫星导航系统一般采用一种易于产生、应用广泛的伪随机码——最长线性移位寄存器序列,简称 M 序列。M 序列是由若干级带有特定反馈电路的移位寄存器产生的。

2.3.2 伪随机测距码的产生过程

普通的移位寄存器并不能连续产生伪随机序列,要连续产生伪随机序列,移位寄存器需要具有特定反馈电路,不同的反馈电路产生不同的码序列。具有 r 级反馈电路通常采用多项式 $F(X) = C_0X^0 + C_1X^1 + \cdots + C_rX^r$ 来表达。

表达式为 $F(X) = 1 + X^3 + X^4$ 所对应的反馈电路如图 2-3 所示。生成的伪随机码如图 2-4 所示。

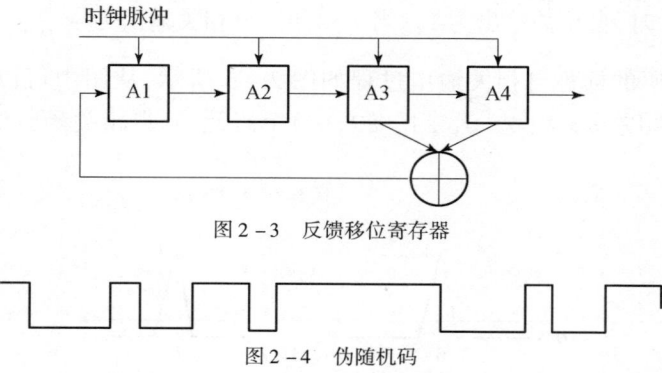

图 2-3 反馈移位寄存器

图 2-4 伪随机码

这种序列具有周期性,图 2-3 所示的寄存器一周期内包含 15 个码元($15 = 2^4 - 1$),这个长度称为该序列的码长。

反馈电路相同而初始状态不同的两个序列是完全等价的,只要通过序列的平移就能获取与另一个序列完全相同的序列。

2.3.3 伪随机测距码的相关特性

伪随机码的相关特性包括自相关和互相关两种。

1. 互相关特性

长度为 P 的两个伪随机序列 a_m 和 b_m 的标称互相关函数加法表达式为

$$\rho(\tau) = \frac{1}{P}\sum_{m=1}^{P}(a_m \oplus b_{m-\tau}) \qquad (2-1)$$

式中:τ 为时间延迟。当两个不同的伪随机序列进行相关运算时,无论时延 τ 是多少,相关输出互相关输出为 $-\frac{1}{P}$。

伪随机码的互相关特性在卫星导航中主要用于卫星的识别,即不同的卫星采用不同的伪随机码,这种识别方式称为码分多址(Code Division Multiple Access,CDMA)。BDS-RNSS、GPS、Galileo、IRNSS 等都是采用这种方式识别卫星。

2. 自相关特性

伪随机序列的标称自相关函数加法表达式为

$$\rho(\tau) = \frac{1}{P}\sum_{m=1}^{P} a_m \oplus a_{m-\tau} \qquad (2-2)$$

当 $\tau=0$ 时,自相关输出为 1。当 $\tau\neq 0$ 时,自相关输出为 $-\frac{1}{P}$。

伪随机码的标称自相关输出过程如图 2-5 所示,从图中可以看出,如果序列的相位相差 $n\times P(n=0,\pm 1,\pm 2,\cdots)$ 个码元,其自相关函数等于 1,否则等于 $-\frac{1}{P}$。

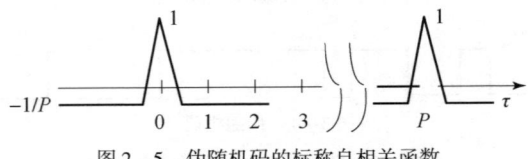

图 2-5 伪随机码的标称自相关函数

伪随机码的自相关特性在卫星导航中主要用于卫星信号跟踪、锁定、距离的测量。

2.4 距离测量方法

2.4.1 无线电信号测距方法

无线电信号测距(简称无线电测距)是一种基于电磁波应用技术的测距方法,即用无线电的方法测量距离,这是无线电导航的基本任务之一。无线电测距按其工作过程可分为单程测距和双程测距两种。

单程测距方法原理如图 2-6 所示,信号在被测距离上只传播一次,通过计量发射时刻和接收时刻的间隔 Δt,获取被测距离 $R=c\times\Delta t$。单程测距需要在发射端和接收端分别测量,因此需要将两者精确同步。GPS、GLONASS、北斗 RNSS、Galileo 和 IRNSS 采用伪随机码实现单程测距的。

双程测距方法原理如图 2-7 所示,信号在被测距离上往返传播两次,通过计量发射时刻和接收到时刻的差值 Δt,获取被测距离 $R=\frac{1}{2}\times c\times\Delta t$。北斗 RDSS 就是采用脉冲的方式实现双程测距的。

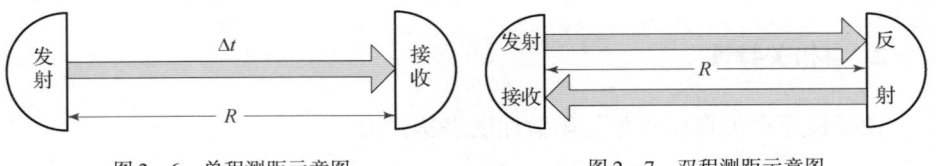

图 2-6 单程测距示意图　　　　图 2-7 双程测距示意图

2.4.2 伪随机噪声码测距原理

假设采用如图 2-4 所示的伪随机噪声码序列。根据伪随机码发生器原理知道相同的发生器产生相同的伪随机码序列,卫星和接收机应满足的前提是:卫星上伪随机码发生器在卫星钟控制下生成并发播上述码序列;接收机上配置与卫星上完全相同的伪随机码发生器,在接收机时钟提供的脉冲控制下生成与卫星上结构相同的伪随机码;接收机时钟与卫星钟同步。

根据上述前提,在接收机接收到信号时,卫星生成的伪随机码与接收机产生的伪随机码完全相同,如图 2-8 所示。

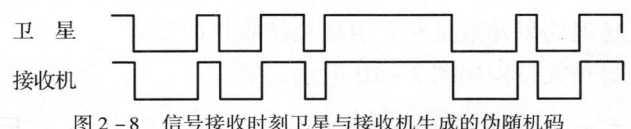

图 2-8　信号接收时刻卫星与接收机生成的伪随机码

同一时刻,接收机接收的伪随机码与接收机产生的伪随机码不相同,如图 2-9 所示,其是一段时间之前由卫星发出的。

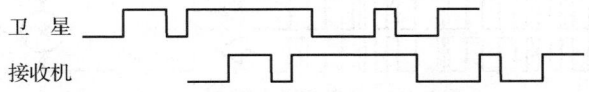

图 2-9　接收机收到的与卫星生成伪随机码

这种差异是由于电磁波传播延迟造成的,这种延迟与距离有关,两者相离越远,这种延迟越大。假设接收机接收到的伪随机码与卫星生成的伪随机码相差 5 个码元,对应关系及相关运算关系如表 2-1 所示。

表 2-1　延迟 5 个码元后的自相关函数值

序号	1	2	3	4	5	6	7	8	9	10	11	12	13	14	15	16	17	18
接收机码元值	+1	-1	-1	-1	+1	-1	-1	+1	+1	-1	+1	+1	+1	+1	+1	+1	-1	-1
卫星码元值	-1	-1	+1	-1	-1	-1	+1	-1	+1	+1	-1	+1	+1	-1	-1	-1	-1	+1
乘积	-1	+1	-1	+1	-1	+1	-1	-1	+1	-1	-1	+1	+1	-1	-1	-1	+1	-1

此时,自相关函数结果为:$R_{自} = \dfrac{\sum\limits_{i=1}^{15} a_{i-5} a_i}{15} = \dfrac{-1}{15} = \dfrac{-1}{P}$。

一般卫星导航系统采用的伪随机码较长,如 BDS 的 B1C 码一个周期的码元个数为 2047 个,则 $R_{自}=\dfrac{-1}{P}\ll 1$。

由上述可知,当伪随机码对齐时,自相关输出为 1,其余情况较小。伪随机码测距正是利用了这个原理。卫星导航接收机用控制脉冲的方法使本机码延迟 n 个码元,使它和接收到的信号对齐,而本机码延迟的个数,对应了卫星至接收机的距离。

$$\rho = c \cdot \lambda \cdot n \quad (2-3)$$

式中:λ 为码元长;n 为延迟码元个数。

事实上,开始测距时距离是未知的,接收机伪随机码逐步加大延迟,此时上述平均值或自相关函数基本为零,直至该平均值为 1,说明两个码序列对齐了。此时本机码所延迟的码元数是对应卫星至接收机的距离。

伪随机码自相关过程如图 2-10 所示。

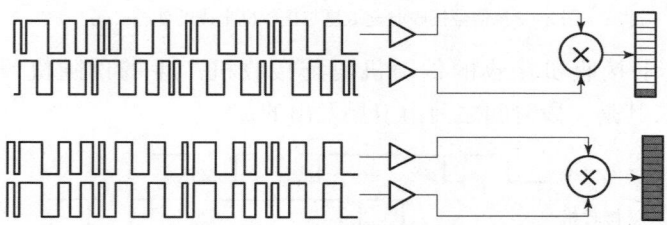

图 2-10　伪随机码的自相关示意图

星地伪随机码相关过程如图 2-11 所示。

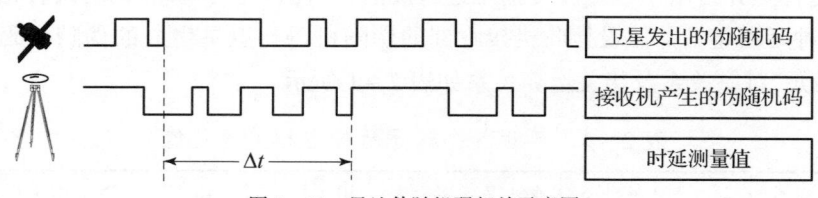

图 2-11　星地伪随机码相关示意图

如果考虑卫星时钟和接收机时钟存在钟差,上述所测得的距离不是真正的卫星到接收机的距离,而是带有钟差影响的伪距,即导航中所使用的伪距观测量。

2.5　卫星导航工作原理

卫星导航主要有两种定位技术模式。一种是卫星无线电导航服务(Radio Navigation Satellite Service,RNSS)模式,即无源模式,用户端不发射信号,被动接收卫星发射的导航信号,按照空间距离后方交会原理,自动解算出自身的三维坐标和时间。在 RNSS 模式下,至少需要同时接收四颗导航卫星信号才能实现定位。RNSS 是当前世界卫星导航系统采用的主要定位模式。另一种是卫星无线电测定服务(Radio Determination Satellite Service,RDSS)模式,即有源模式,用户端需发射信号,经卫星转发至地面主控站,由主控站解算用户位置信息,再经导航卫星转发至用户。在 RDSS 模式下,至少需要两颗具有数据转发载荷的卫星才能实现定位。目前,仅我国的北斗卫星导航系统兼有 RDSS 和 RNSS 两种技术模式。RDSS 与 RNSS 工作模式比较如表 2-2 所示。

表 2-2　RNSS 工作模式与 RDSS 工作模式比较

项目	工作模式	
	RDSS 模式	RNSS 模式
定位主体	由地面中心系统确定用户位置	用户机自主完成位置、速度测定
主要功能	定位、通信、授时、位置报告	定位、测速、授时
用户是否需要发射信号	需要	不需要
卫星载荷复杂性	较简单	复杂
用户动态适应性	适用于中、低动态用户,具有服务频度限制	适用于低、中、高动态用户,无服务频度限制

2.5.1　RDSS 工作原理

目前只有我国的北斗系统具有 RDSS 工作模式。

2.5.1.1　RDSS 定位原理

RDSS 定位利用两颗地球同步卫星,采用三球交会原理,其定位工作的原理如图 2-12 所示,地面控制中心以高稳定时钟作为参考,按规定帧格式生成连续不断的导航查询信号(出站信号),由两颗卫星转发至的地面。用户机自动搜索并锁定卫星转发的出站信号,实现与系统出站信号的同步。当用户需要定位时,用户机会在某一帧同步脉冲来到时刻,向两颗星发出定位申请信号,经卫星转发至地面控制中心(入站信号)。定位申请的帧格式中包含发出定位申请时所对应的出站信号帧号和用户所在高程。

33

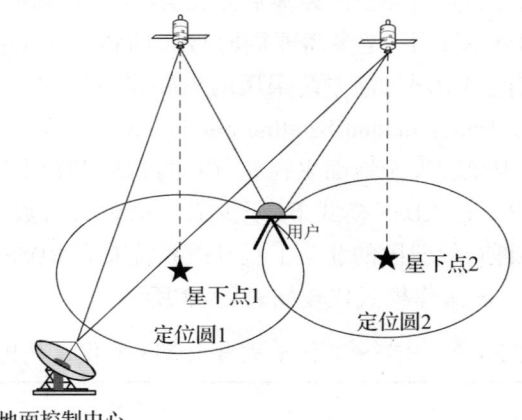

图 2-12 RDSS 定位原理图

三球交会原理如图 2-13 所示,地面控制中心收到入站信号之后,根据出站、入站信号之间的时间差便可得到用户至两颗星的距离。卫星的位置已知,可分别以两颗卫星为球心,以用户至两颗卫星的距离为半径的两个球面相交得到一个交线圆,交线圆与以地心为球心,地心到用户的距离为半径的第三个球面相交于两点,再根据辅助条件判断哪个点是用户位置。由地面控制中心算出用户位置后,通过出站信号的电文传给用户。

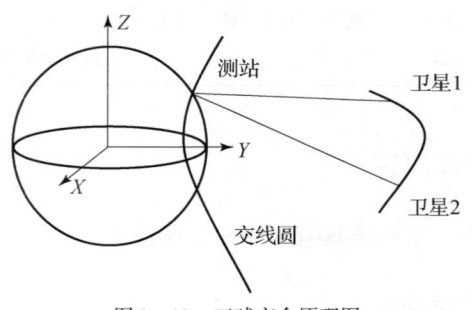

图 2-13 三球交会原理图

由于三球交会采用的是球面与交线圆相交,地球不是一个标准的椭球,对一个确定的用户定位时,参与解算的这个球的半径应当是用户点到地心的距离,包括测站的高程 H 和测站在椭球面上的投影点到地心的距离 N。如图 2-14 所示,要确定这个球面的半径,还需要知道用户的高程。

获取用户高程的常用手段有高程数据库和外部测量手段两种。数据库手段是指将地球表面数字化,制作成高程数据库,存储在地面控制中心计算机中;定位解算时首先以标准椭球参与计算获取用户概略位置;按照概略位置从高程数据库内插获取点位高程；以查询的高程加到参考椭球上进行定位解算，其解算过程是个迭代的过程。外部测高手段是指用户已知高程或利用气压测高仪等外部来提供用户高程。

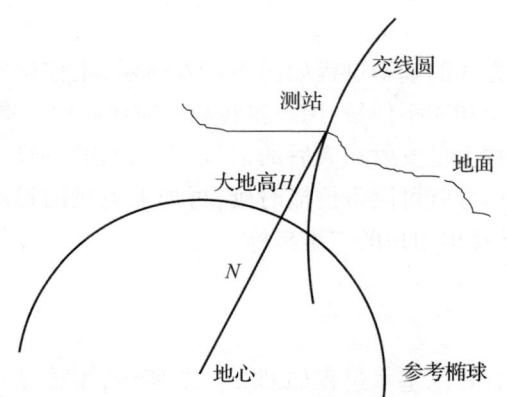

图 2-14 大地高与交线圆确定测站位置

2.5.1.2 RDSS 定位过程

RDSS 具体定位过程为：首先，由主控站通过两颗 GEO 卫星向用户广播询问信号（出站信号），用户机收到该信号后，发射应答信号，再经 GEO 卫星分别传回到主控站中的中心控制系统（入站信号），并由中心控制系统分别测量出由两颗卫星返回的信号时间延迟量，并在卫星位置已知的条件下计算出用户到两个卫星的距离；然后，利用用户高程信息，按照三球交汇定位原理计算出用户位置，并通过出站信号将定位结果告知用户。授时和短报文通信功能也在这种出入站信号的传输过程中同时实现，北斗 RDSS 信息流程如图 2-15 所示。

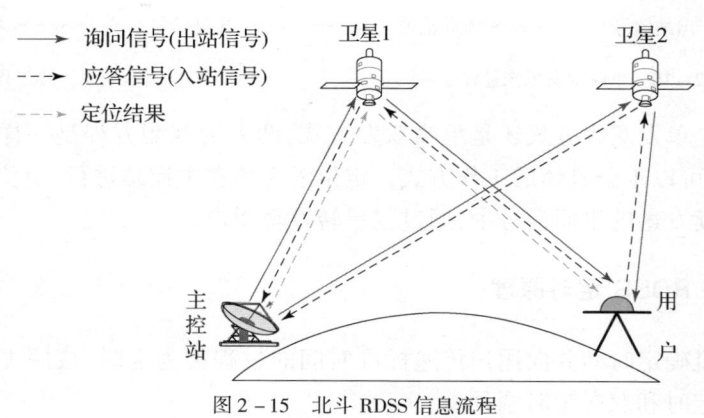

图 2-15 北斗 RDSS 信息流程

RDSS 定位按照工作过程分为两种方式,即"单收双发"方式和"双收单发"方式。

1. 单收双发

单收双发工作方式的基本过程如图 2-16 所示,主控站定时通过两颗卫星向地面发射连续询问和测距信号,用户接收和响应经其中一颗卫星转发的信号,并由发射装置向两颗卫星发射响应后的信号,主控站的接收天线分别接收经两颗卫星转发的响应信号就可测得传播时延,再加上卫星的星历和备有的数字高程模型,便可迭代计算出用户的三维坐标。

2. 双收单发

双收单发工作方式的基本过程如图 2-17 所示,主控站定时向两颗卫星发射连续的询问测距信号,用户接收和响应经两颗卫星转发的询问信号,并由发射装置向其中一颗卫星发射响应后的信号,主控站的接收天线接收经这颗卫星转发的响应信号就可测得传播时延,从而求解用户坐标。

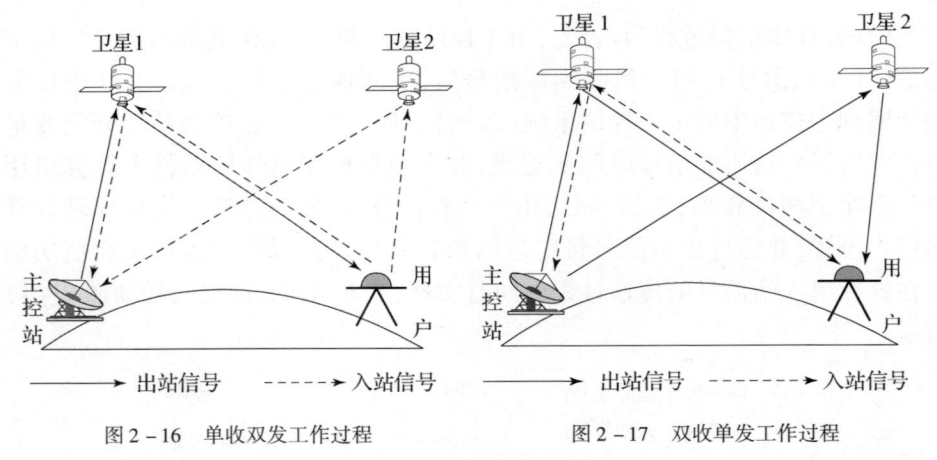

图 2-16　单收双发工作过程　　　　图 2-17　双收单发工作过程

无论是单发双收方式还是单收双发方式,两者的观测方程是一样的。在讨论原理时,可以不分具体的工作方式。定位解算均在主控站进行,定位结果编码调制在后续发送的讯问信号中,通过卫星转发至用户。

2.5.1.3　RDSS 定时原理

用户机确定时间并向用户传递标准时间的过程称为定时,按照工作原理可分为单向定时和双向定时两种。

1. 单向定时

单向定时过程如图 2-18 所示,在同步过程中,不需发射定时申请,但需要输入当前位置的已知坐标,实现时间同步的方式。采用 RDSS 单向定时方法时,在用户机位置已知的条件下,地面中心控制系统在标准时间主原子钟的控制下,产生 RDSS 单向授时信息并由 GEO 卫星转发,用户机接收此信息,并结合本机位置坐标,解算得到本地时钟与标准时间的钟差,完成 RDSS 单向授时功能。

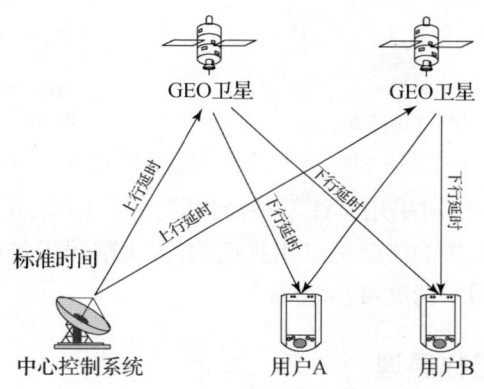

图 2-18 北斗 RDSS 单向定时示意图

北斗主控站系统的主原子钟,控制产生卫星导航信号由发射设备从天线发送到卫星,卫星转发器将授时信号下行传递到用户接收终端,终端解算出 1PPS 和日期 TOD 时间信息,完成 RDSS 单向定时。

由于北斗 RDSS 单向定时受卫星星历位置误差、大气层延迟改正误差等不确定因素的影响,难以准确计算、修正传播时延,导致北斗 RDSS 单向定时精度为 100ns,完全可以满足绝大多数时间用户的精度需求。

2. 双向定时

双向定时过程如图 2-19 所示,在同步过程中,需要发射定时申请,但不需输入当前位置的坐标,实现时间同步的方式。RDSS 双向授时是一种建立在 RDSS 应答测距定位业务基础上的高精度授时方法。由于 RDSS 单向授时精度受到诸多因素影响,难以准确修正中心控制系统到用户的发-收单向传播时间,无法满足高精度授时用户的需求。RDSS 双向授时采用双向比对测量方法确定发-收间单向传播时间延迟,从而使用户可以获得较高的授时精度。具体过程为:双向定时型用户机首先发出双向 RDSS 定时请求,并将自身的位置信息、请求信息发送给中心控制系统,中心控制系统为用户计算出定时修正量并与授时基准信号一同通过 GEO 卫星发送给用户,用户机接收后计算出与系统同步高精度时间信息,完成 RDSS 双向定时功能。

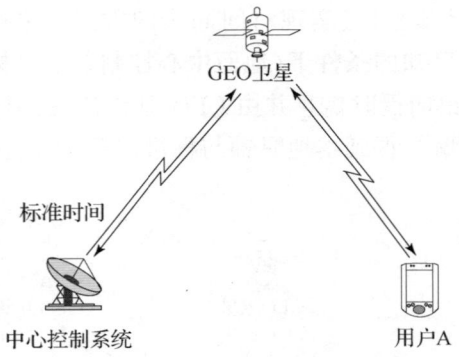

图 2-19　北斗 RDSS 双向定时示意图

北斗 RDSS 双向定时采用了往返路径相同,方向相反,影响单向定时的正向传播时延误差和其他影响项就可以相互抵消,大大削弱了各项时延误差的影响。因此双向定时时间同步精度可达 20ns。

2.5.2　RNSS 工作原理

GPS、GLONASS、北斗 RNSS 和 Gaileo、IRNSS 等采用的是 RNSS 工作模式。

2.5.2.1　RNSS 定位原理

RNSS 定位采用的是空间距离后方交会原理(图 2-20),以空间位置已知的卫星作为观测目标,通过伪随机码测量卫星到接收机的距离,按照伪随机码测量原理得到卫星和接收机间伪距的关系建立伪距定位观测方程,对方程进行解算可以得到接收机的位置。

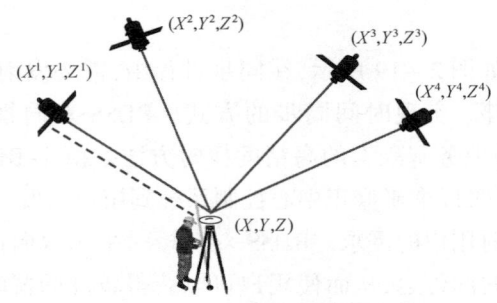

图 2-20　卫星伪距定位原理图

1. 定位观测方程的建立

T 表示北斗卫星导航系统时,假设卫星 S^j 发播信号的时刻为 T^j,接收机接收到信号的时刻为 T_r。则信号由卫星 S^j 到达接收机的传播时间为

$$\tau = T_r - T^j \tag{2-4}$$

卫星 S^j 至接收机的距离为

$$\rho^j = c \cdot \tau = c \cdot (T_r - T^j) \tag{2-5}$$

信号发射和接收的系统时刻我们无法获取,实际上我们只能通过卫星和接收机上的时钟得到该信号发播时刻卫星钟的钟面时 t^j 和接收时接收机的钟面时 t_r,则所得的观测量为

$$\tilde{\tau} = t_r - t^j \tag{2-6}$$

在卫星导航中,我们把时钟的钟面时与系统时之差,称为钟差。则卫星发播信号时刻 T^j 时,卫星钟差为 $\delta t^j = t^j - T^j$;接收机接收信号时刻 T_r 时,接收机钟差 $\delta t_R = t_r - T_r$。由钟差可获得钟面时的表达式为

$$t^j = T^j + \delta t^j \tag{2-7}$$

$$t_r = T_r + \delta t_r \tag{2-8}$$

把将钟差式(2-7)和式(2-8)代入观测量公式(2-6)中,并整理可得

$$\tilde{\tau} = (T_r - T^j) + \delta t_r - \delta t^j \tag{2-9}$$

式(2-9)两边同时乘以光速 c,可得

$$c \cdot \tilde{\tau} = c \cdot (T_r - T^j) + c \cdot \delta t_r - c \cdot \delta t^j \tag{2-10}$$

令 $\tilde{\rho}^j = c \cdot \tilde{\tau}$,式(2-10)经整理后可得

$$\tilde{\rho}^j = \rho^j + c \cdot \delta t_r - c \cdot \delta t^j \tag{2-11}$$

$\tilde{\rho}$ 通常称为伪距(Pseudo Range),称其为伪距的原因有两点:一是通过伪随机码测量得到;二是所测距离并不是真实的距离,是真实的距离 ρ^j 和卫星钟差的等效距离 $c \cdot \delta t^j$ 与接收机钟差的等效距离 $c \cdot \delta t_r$ 的组合。

设卫星发播信号时刻卫星坐标为 (X^j, Y^j, Z^j),接收机接收信号时刻天线中心坐标为 (X_r, Y_r, Z_r),则卫星与接收机之间的几何距离为
$\rho^j = \sqrt{(X^j - X_r)^2 + (Y^j - Y_r)^2 + (Z^j - Z_r)^2}$。

可得伪距定位观测方程

$$\tilde{\rho}^j = \sqrt{(X^j - X_r)^2 + (Y^j - Y_r)^2 + (Z^j - Z_r)^2} + c \cdot \delta t_r - c \cdot \delta t^j \tag{2-12}$$

式中:(X^j, Y^j, Z^j) 和 δt^j 可通过导航电文提供的卫星轨道参数、钟差参数计算得

到；$\tilde{\rho}^j$ 为观测量；(X_r, Y_r, Z_r) 和 δt_r 为未知参数。伪距定位观测方程有 4 个未知数，则求解该方程至少需同时观测 4 颗卫星，即 $j=1\sim 4$，也就是说 RNSS 定位最少需要同时观测 4 颗卫星。

式(2-12)为伪距法卫星导航定位的基本方程，伪距法定位是现代卫星导航定位中最常用的定位方式。对方程求解，可得到接收机的三维位置和钟差。

2. 伪距定位观测方程的线形化

我们知道，当接收机同时观测 4 颗以上卫星，便可实现卫星导航定位功能。但是观测方程组为非线性方程组，为了方便解算，需要先对伪距定位观测方程式进行线性化。

假设接收机的概略坐标为 X_0、Y_0、Z_0，将伪距定位观测方程按照泰勒级数在概略坐标处展开，并取至一阶项，可得

$$\tilde{\rho}^j(t) = \rho_0^j + \frac{\partial \rho^j}{\partial X}\delta X + \frac{\partial \rho^j}{\partial Y}\delta Y + \frac{\partial \rho^j}{\partial Z}\delta Z + c\cdot \delta t_r - c\cdot \delta t^j \quad (2-13)$$

式中：$\rho_0^j = \sqrt{X^j - X_0^2 + Y^j - Y_0^2 + Z^j - Z_0^2}$ 为卫星到接收机概略位置处的距离；δX、δY、δZ 为接收机概略位置到真实位置的偏差；3 个偏导数 $\frac{\partial \rho^j}{\partial X} = -\frac{X^j - X_0}{\rho_0^j} = l$、$\frac{\partial \rho^j}{\partial Y} = -\frac{Y^j - Y_0}{\rho_0^j} = m$、$\frac{\partial \rho^j}{\partial Z} = -\frac{Z^j - Z_0}{\rho_0^j} = n$ 为接收机至卫星的方向余弦。

伪距定位观测方程的线性化后的形式为

$$\tilde{\rho}^j(t) = \rho_0^j - \begin{bmatrix} l^j(t) & m^j(t) & n^j(t) \end{bmatrix}\begin{bmatrix} \delta X \\ \delta Y \\ \delta Z \end{bmatrix} + c\cdot \delta t_r - c\cdot \delta t^j \quad (2-14)$$

3. 伪距定位观测方程的解算

当同步观测 4 颗卫星时 $(j=1,2,3,4)$，则可组成 4 元方程组，相应线形化方程组为

$$\begin{aligned}
l^1\delta X + m^1\delta Y + n^1\delta Z - c\delta t_r &= \rho_0^1 - \tilde{\rho}^1 - c\delta t^1 \\
l^2\delta X + m^2\delta Y + n^2\delta Z - c\delta t_r &= \rho_0^2 - \tilde{\rho}^2 - c\delta t^2 \\
l^3\delta X + m^3\delta Y + n^3\delta Z - c\delta t_r &= \rho_0^3 - \tilde{\rho}^3 - c\delta t^3 \\
l^4\delta X + m^4\delta Y + n^4\delta Z - c\delta t_r &= \rho_0^4 - \tilde{\rho}^4 - c\delta t^4
\end{aligned} \quad (2-15)$$

令

$$L = \begin{pmatrix} \rho_0^1 - \tilde{\rho}^1 - c\delta t^1 \\ \rho_0^2 - \tilde{\rho}^2 - c\delta t^2 \\ \rho_0^3 - \tilde{\rho}^3 - c\delta t^3 \\ \rho_0^4 - \tilde{\rho}^4 - c\delta t^4 \end{pmatrix}, A = \begin{pmatrix} l^1 & m^1 & n^1 & -1 \\ l^2 & m^2 & n^2 & -1 \\ l^3 & m^3 & n^3 & -1 \\ l^4 & m^4 & n^4 & -1 \end{pmatrix}, X = \begin{pmatrix} \delta X \\ \delta Y \\ \delta Z \\ c\delta t_r \end{pmatrix}$$

式(2-15)转化为

$$AX = L \quad (2-16)$$

对方程组的解为

$$X = A^{-1}L \quad (2-17)$$

上述解算过程得到的结果是接收机位置相对于概略位置的改正数，需要将改正数加到概略位置上，则接收机坐标为

$$\begin{bmatrix} X_r \\ Y_r \\ Z_r \end{bmatrix} = \begin{bmatrix} X_0 \\ Y_0 \\ Z_0 \end{bmatrix} + \begin{bmatrix} \delta X \\ \delta Y \\ \delta Z \end{bmatrix} \quad (2-18)$$

当初始坐标不精确时，需采用迭代法计算。

4. 伪距定位解的精度评定

利用卫星进行单点定位的精度取决于两个方面：一是观测量的精度，二是所观测卫星的空间几何分布，通常称为卫星分布的几何图形。

进行单点定位时，误差传播规律定位结果的权系数阵 Q，权系数矩阵是在空间直角坐标系中给出的，而为了估算观测站的位置精度，常采用其在大地坐标系统中的表达形式。

为了评价定位的结果，除了应用 $m_i = \sigma_0 \sqrt{q_{ii}}$ 估算每一未知参数解的精度外，通常采用有关精度因子 DOP(Dilution of Precision) 的概念，其定义如下

$$m_i = \sigma_0 \cdot \text{DOP} \quad (2-19)$$

可见，DOP 是权系数矩阵主对角线元素的函数。

在实践中，根据不同的要求，可采用不同的精度评价因子。通常有以下几种。

(1) 平面精度衰减因子 HDOP(Horizontal DOP)：

$$m_H = \text{HDOP} \cdot \sigma_0 \quad (2-20)$$

(2) 垂直精度衰减因子 VDOP(Vertical DOP)：

$$m_V = \text{VDOP} \cdot \sigma_0 \qquad (2-21)$$

(3) 位置精度衰减因子 PDOP(Position DOP)：

$$m_P = \text{PDOP} \cdot \sigma_0 \qquad (2-22)$$

$$\text{PDOP} = \sqrt{\text{HDOP}^2 + \text{VDOP}^2} \qquad (2-23)$$

(4) 时间精度衰减因子 TDOP(Time DOP)：

$$m_T = \text{TDOP} \cdot \sigma_0 \qquad (2-24)$$

(5) 空间精度衰减因子 GDOP(Geometrical DOP)：

$$m_G = \text{GDOP} \cdot \sigma_0 \qquad (2-25)$$

$$\text{GDOP} = \sqrt{(\text{PDOP})^2 + (\text{TDOP})^2} \qquad (2-26)$$

由上式可知，在观测量精度一定的情况下，定位误差的大小和 DOP 值成正比，一般规定 GDOP 值应小于 6。

2.5.2.2 RNSS 测速原理

利用卫星导航系统测定接收机速度的过程，称为卫星导航测速。卫星导航测速的常用方法有两种，平均速度法和多普勒频移法。

1. 平均速度法

平均速读法是指前后两个历元的位置变化量与历元时间间隔的比值。假设在历元 t_1 的接收机位置为 X_1、Y_1、Z_1，在历元 t_2 的接收机坐标为 X_2、Y_2、Z_2。则在 $\Delta t = t_2 - t_1$ 时间段内，接收机的平均运动速度为

$$\begin{bmatrix} V_X \\ V_Y \\ V_Z \end{bmatrix} = \frac{1}{t_2 - t_1} \begin{bmatrix} X_2 - X_1 \\ Y_2 - Y_1 \\ Z_2 - Z_1 \end{bmatrix} \qquad (2-27)$$

从平均速度法算法来看，其实质是定位问题，在动态定位过程中，可同时实现定位和测速，北斗卫星导航 RDSS 测速主要采用平均速度法。

平均速度法的优点：速度计算方法简单，不需要其他新的观测量，只要选定测速时间间隔 Δt 和相邻两个历元的定位结果即可求得。平均速度法的缺点：速度计算中取样间隔 Δt 过大或过小都会使得平均速度不能反映载体的实际运动速度。

平均速度法适用于无法获取多普勒频移观测量或低动态的运动载体速度测

定,如船舶、车辆等;高速运动载体,如飞机、导弹等不宜采用。

2. 多普勒频移法

由于卫星导航定位接收机和导航卫星之间存在着相对运动,所以接收机接收到的卫星导航信号的载波频率f_r与卫星发射的载波信号的频率f_s是不相同的,频率变化量称为多普勒频移(Doppler Shift)。多普勒频移量的大小与接收机至卫星的距离、相对运动速度有关。

多普勒频移的定义为

$$df = f_s - f_r = f_s \cdot \frac{V_R}{c} \quad (2-28)$$

式中:df为多普勒频移,可由接收机观测得到;c为电磁波信号在真空中的速度;V_R是卫星相对于接收机的径向速度,即卫星S^j与接收机之间的观测伪距变化率$\dot{\tilde{\rho}}^j(t)$。

式(2-28)可改写为

$$\dot{\tilde{\rho}}^j(t) = \frac{c}{f_s} \cdot df = \lambda \cdot df \quad (2-29)$$

对伪距定位观测方程两端分别对时间求导可得

$$\dot{\tilde{\rho}}^j(t) = \dot{\rho}^j(t) + c \cdot \delta \dot{t}_r(t) - c \cdot \delta \dot{t}^j(t) \quad (2-30)$$

对上述方程求解可以得到接收机的速度。

北斗RNSS测速主要采用多普勒频移法,由于获取的多普勒频移是可以实时获取的,相对于平均速度法而言,多普勒频移法具有精度高、速度快、不受时间限制等优点。

2.5.2.3 RNSS授时原理

1. RNSS授时的重要性

授时是指通过一定的手段对外提供时间和频率基准服务,实现服务对象同步的技术。时间同步是指两个时钟在某一参考系上读数相同到某种程度的技术。时间服务是国家的基本技术支撑,而高精度时间频率传递是其主要的服务内容。时间和频率基准的传递方法有多种,如采用长波、短波、电视信号进行授时校频,利用卫星授时和校频及利用低频无线电导航系统信号进行授时等。

卫星导航系统除了可以提供位置、速度等服务外,还可高精度时间测定或时间传递。高精度授时技术及其应用,特别是北斗卫星导航系统的授时应用,随着信息化时代的到来越来越重要。与传统的时间测量方法相比,卫星导航授时,具有精度高、成本低、性能可靠、连续实时的特点。

2. RNSS 的授时原理

RNSS 授时原理如图 2 – 21 所示。

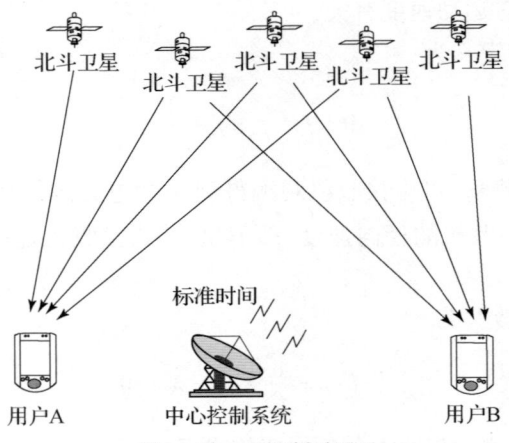

图 2 – 21 RNSS 授时原理

假设在历元 t 时刻,接收机在已知的位置观测了卫星 S^j,伪距定位观测方程为

$$\tilde{\rho}^j(t) = \rho^j(t) + c \cdot \delta t_r(t) - c \cdot \delta t^j(t) + \Delta I_g^j(t) + \Delta T^j(t) \qquad (2-31)$$

式中:$\tilde{\rho}^j(t)$ 是伪随机码或载波测量得到的距离;$\rho^j(t)$ 是卫星到导航接收机的距离,可由卫星位置和接收机位置计算得到;$\delta t^j(t)$ 是卫星钟差,可由导航电文中的钟差参数计算得到;$\Delta I_g^j(t)$ 是电离层延迟;$\Delta T^j(t)$ 是对流层延迟,可由模型计算得到。

所以在历元 t 时刻卫星导航用户机的钟差为

$$\delta t_r(t) = \frac{1}{c} \tilde{\rho}^j(t) - \rho^j(t) + \delta t^j(t) - \frac{1}{c} \Delta I_g^j(t) + \Delta T^j(t) \qquad (2-32)$$

从式(2 – 32)可以看出,已知坐标的测站上只需观测一颗卫星即可获得卫星导航接收机钟差,接收机钟差是本地时钟相对于北斗时的偏差,调整本地时钟输出的 1PPS,使钟差为零,进而可获得北斗系统时,即接收机同步到北斗的系统时间。

如果测站坐标未知,则接收机需同步观测 4 颗以上的卫星,利用前述单点定位的方法求得测站坐标和接收机钟差参数,并实现时间同步。

卫星导航系统发播的导航电文中,提供系统时与世界协调时(UTC),以及其他卫星导航系统时之间的偏差。当用户需要 UTC 时,再进行"UTC 时间修正"和"闰秒修正"处理,就可以得到标准的 UTC 时间。因此,理论上全球所有的用户都可方便地统一到世界协调时(UTC)以及其他卫星导航系统时。

卫星导航授时的精度与相应的时间精度衰减因子 TDOP、伪距测量精度、观测站的已知坐标的精度、卫星轨道精度、卫星钟差精度、大气传播延迟改正精度等因素有关。

第3章
北斗卫星导航系统

3.1 北斗卫星导航发展概述

北斗卫星导航系统是中国着眼于国家安全和经济社会发展需要,自主建设、独立运行的卫星导航系统,是为全球用户提供全天候、全天时、高精度的定位、导航和授时服务的国家重要空间基础设施。

中国高度重视北斗系统建设发展,20 世纪 80 年代开始探索适合国情的卫星导航系统发展道路,形成了"三步走"发展战略:2000 年,建成北斗一号系统,向中国提供服务;2012 年,建成北斗二号系统,向亚太地区提供服务;2020 年,建成北斗三号系统,向全球提供服务。计划 2035 年,以北斗系统为核心,建设完善更加泛在、更加融合、更加智能的国家综合定位导航授时体系。

北斗系统的建设、运行和应用管理工作由中国多个部门共同参与。有关部门联合成立了中国卫星导航系统委员会及中国卫星导航系统管理办公室,归口管理北斗系统建设、应用和国际合作等有关工作。同时,成立专家委员会和专家组,充分发挥专家智库咨询作用,实施科学、民主决策。北斗系统秉承"中国的北斗、世界的北斗、一流的北斗"发展理念,践行"自主创新、团结协作、攻坚克难、追求卓越"的北斗精神,为经济社会发展提供重要时空信息保障,是中国实施改革开放 40 余年来取得的重要成就之一,是新中国成立 70 年来重大科技成就之一,是中国贡献给世界的全球公共服务产品。中国愿与世界各国共享北斗系统建设发展成果,促进全球卫星导航事业蓬勃发展,为服务全球、造福人类贡献中国智慧和力量。

3.1.1 重要意义

建设北斗卫星导航系统具有重要的战略意义,具体体现在:卫星导航系统是时空定位领域的重要基础设施;建立自主卫星导航系统,将改变我国国防建设和经济社会发展时空定位领域受制于人的局面,使我军整体作战效能大幅提高,促进部队信息化建设的跨越式发展;同时带动导航、通信等基于时空定位的现代信息服务业的发展,产生巨大的经济效益,提升我国作为世界大国的国际地位。

3.1.2 发展历程

中国北斗卫星导航系统按照"三步走"的总体规划,采用"先区域、后全球,先有源、后无源"的总体发展思路分步实施,形成突出区域、面向世界、富有特色的北斗卫星导航系统发展道路。

第一步,建设北斗一号系统(也称北斗卫星导航试验系统)。1994年,启动北斗一号系统工程建设;2000年,发射两颗地球静止轨道卫星,建成系统并投入使用,采用有源定位体制,为中国用户提供定位、授时、广域差分和短报文通信服务;2003年和2007年,发射第三颗、第四颗地球静止轨道卫星,进一步增强系统性能。

第二步,建设北斗二号系统。2004年,启动北斗二号系统工程建设;2012年完成14颗卫星(5颗GEO卫星、5颗IGSO卫星和4颗MEO卫星)发射组网。北斗二号系统在兼容北斗一号系统技术体制基础上,增加无源定位体制,为亚太地区用户提供定位、测速、授时、广域差分和短报文通信服务。

第三步,建设北斗三号系统。2009年,启动北斗三号系统建设;2020年完成30颗卫星发射组网,全面建成北斗三号系统。北斗三号系统继承有源服务和无源服务两种技术体制,为全球用户提供定位导航授时、全球短报文通信和国际搜救服务,同时可为中国及周边地区用户提供星基增强、地基增强、精密单点定位和区域短报文通信等服务。

3.1.3 发展目标

建设世界一流的卫星导航系统,满足国家安全与经济社会发展需求,为全球用户提供连续、稳定、可靠的服务;发展北斗产业,服务经济社会发展和民生改善;深化国际合作,共享卫星导航发展成果,提高全球卫星导航系统的综合应用效益。

3.1.4 发展原则

中国坚持"自主、开放、兼容、渐进"的原则建设和发展北斗卫星导航系统。

(1)自主:坚持自主建设、发展和运行北斗卫星导航系统,具备向全球用户独立提供卫星导航服务的能力。

（2）开放：免费提供公开的卫星导航服务，鼓励开展全方位、多层次、高水平的国际合作与交流。

（3）兼容：提倡与其他卫星导航系统兼容与互操作，鼓励国际交流与合作，致力于为全球用户提供更好的服务。

（4）渐进：分步推进北斗系统建设，持续提升北斗系统服务性能，不断推动卫星导航产业健康、快速、持续发展。

3.1.5 基本组成

北斗卫星导航系统由空间段、地面段和用户段三部分组成。

（1）空间段由地球静止轨道卫星、倾斜地球同步轨道卫星和中圆地球轨道卫星三种轨道类型的卫星组成。

（2）地面段包括主控站、时间同步/注入站和监测站等若干地面站，以及星间链路运行管理设施。

（3）用户段包括北斗及兼容其他卫星导航系统的芯片、模块、天线等基础产品，以及终端设备、应用系统与应用服务等。

3.1.6 发展特色

北斗卫星导航系统的建设实践，实现了在区域快速形成服务能力、逐步扩展为全球服务的发展路径，丰富了世界卫星导航事业的发展模式。

北斗卫星导航系统具有以下特点：

（1）空间段采用三种轨道卫星组成的混合星座，与其他卫星导航系统相比高轨卫星更多，抗遮挡能力强，尤其在低纬度地区性能优势更为明显。

（2）提供多个频点的导航信号，能够通过多频信号组合使用等方式提高服务精度。

（3）创新融合了导航与通信功能，具备定位导航授时、星基增强、地基增强、精密单点定位、短报文通信和国际搜救等多种服务能力。

3.2 北斗一号卫星定位系统

北斗卫星导航系统发展采用"三步走"的总体规划，"先区域、后全球，先有源、后无源"的总体发展思路分步实施，形成突出区域、面向世界、富有特色的北斗卫星导航系统发展道路。

北斗一号系统 2000 年建成并投入使用，采用有源定位体制，为中国用户提供定位、授时、广域差分和短报文通信服务。北斗一号系统提供的是有源卫星无线电测定业务 RDSS 信号，在后续的北斗二号和北斗三号系统继续提供 RDSS 服务的信号。

3.2.1 系统概况

北斗一号卫星定位系统是利用两颗地球同步卫星及相应的地面设备实现对用户的精确导航、定位和双向数据通信的定位系统（图 3-1），因此，又称为双星定位系统。2000 年 10 月 31 日和 12 月 21 日发射两颗导航定位卫星，从而形成了我国第一代卫星导航定位系统——北斗一号卫星定位系统，揭开了我国卫星导航事业发展的新篇章。2003 年 5 月 25 日和 2007 年 2 月 3 日发射了系统的备份星，与前两颗北斗一号工作星组成了完整的卫星导航定位系统，确保全天候、全天时提供卫星导航信息。

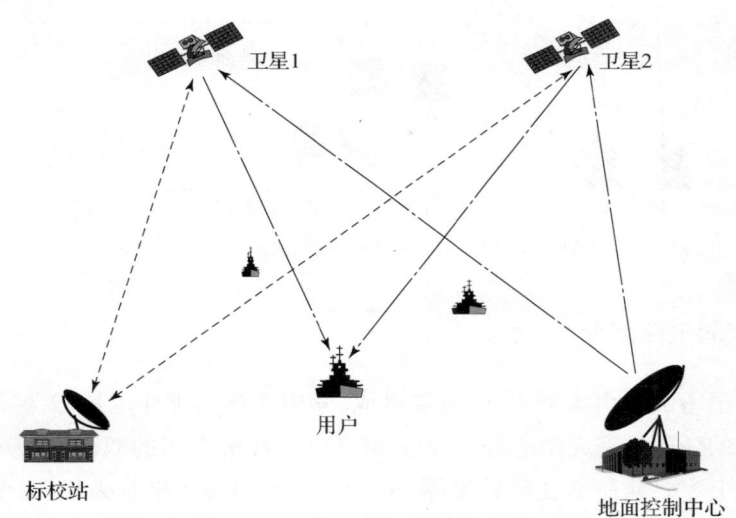

图 3-1 北斗一号系统简要示意图

北斗一号卫星定位系统的突出特点是空间卫星数目少、用户终端设备简单、一切复杂性工作均集中于地面中心站处理。北斗一号卫星定位系统是利用地球同步卫星为用户提供快速定位、简短数字报文通信和授时服务的一种全天候、区域性的卫星定位系统。

北斗一号的建成及其稳定运行，标志着我国成为继 GPS 和 GLONASS 后，世界上第三个建立了卫星导航系统的国家，该系统的建立对我国国防和经济建设起到积极作用。

3.2.2 系统组成

北斗一号卫星定位系统构成如图 3-2 所示,包括空间星座部分、地面控制部分和用户设备三部分。

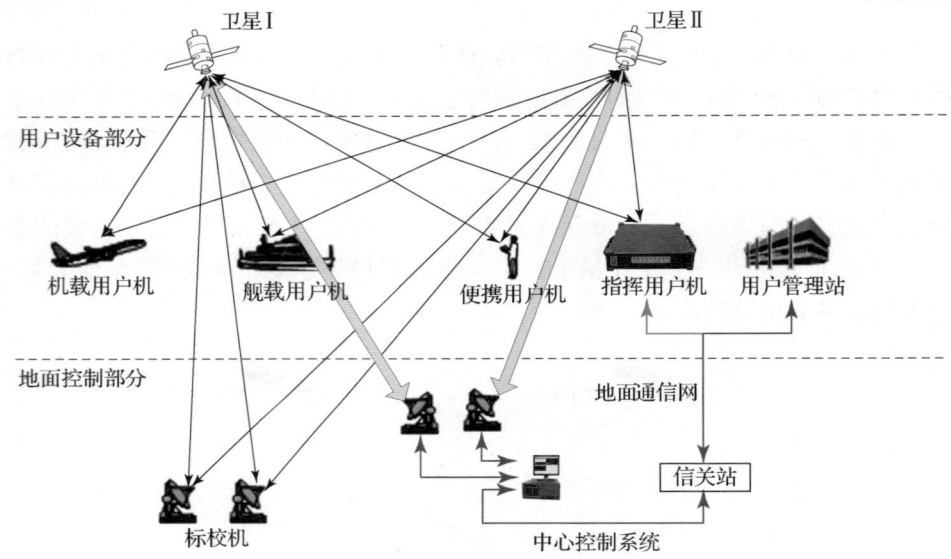

图 3-2 北斗一号系统结构

1. 空间星座部分

空间星座部分由 4 颗 GEO 卫星组成,其中 2 颗为工作卫星,2 颗为备份卫星。卫星的任务是完成中心控制系统和用户收发机之间的双向无线电信号转发。卫星上主要载荷是变频转发器、S 天线(2 个波束)和 L 天线(2 个波束)。卫星还具有执行测控子系统对卫星状态的测量和接受地面中心控制系统对有效载荷的控制命令的能力与任务。

北斗一号系统共发射了 4 颗 GEO 卫星,用户随机响应其中两颗卫星的信号用来进行定位和通信,北斗一号卫星发射信息如表 3-1 所示。

表 3-1 北斗一号卫星发射列表

卫星	发射时间	卫星类型
第 1 颗北斗导航试验卫星	2000 年 10 月 31 日	GEO
第 2 颗北斗导航试验卫星	2000 年 12 月 21 日	GEO

续表

卫星	发射时间	卫星类型
第 3 颗北斗导航试验卫星	2003 年 5 月 25 日	GEO
第 4 颗北斗导航试验卫星	2007 年 2 月 3 日	GEO

北斗一号系统提供的是 RDSS 服务,包括上行和下行两路导航信号(图 3 – 3)。

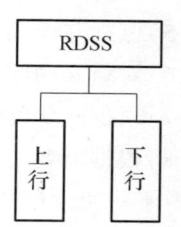

图 3 – 3　北斗一号信号结构

2. 地面控制部分

地面控制部分包括地面控制中心、数据处理中心、定轨观测网络和标校站。

1)地面控制中心

地面中心控制系统是北斗一号卫星定位系统的控制和管理中心,主要由信号收发分系统、信息处理分系统、时间分系统、监控分系统和信道监控分系统等组成(图 3 – 4),它的主要任务如下:

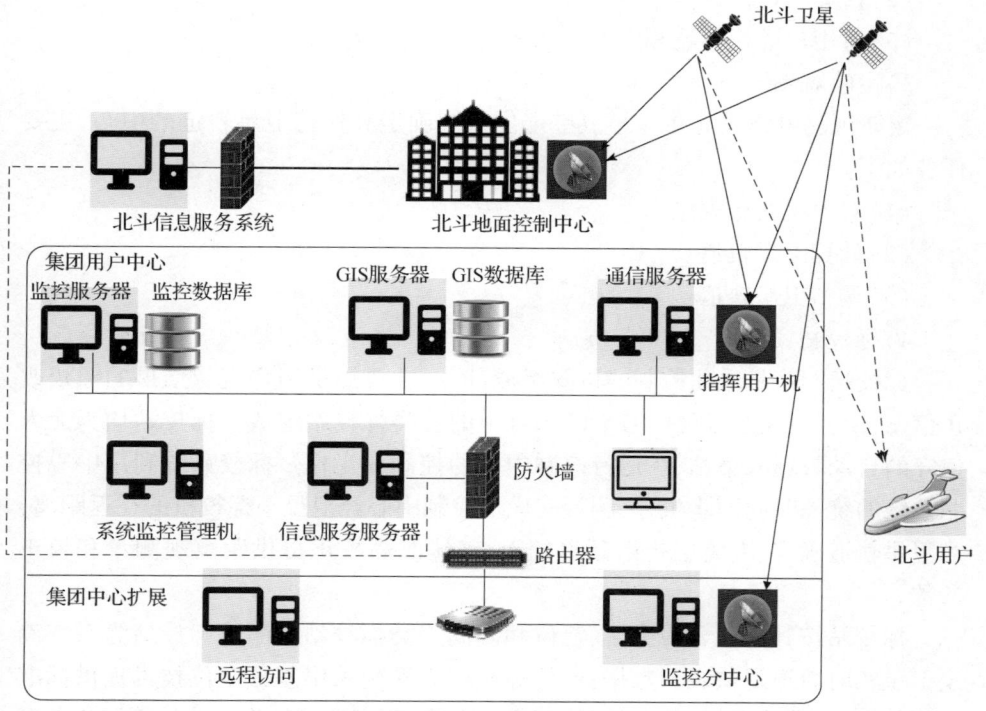

图 3 – 4　北斗一号地面控制中心

(1)产生并通过卫星向用户发送询问信号和标准时间信号(即出站信号),接收用户响应信号(即入站信号)。

(2)确定卫星位置和状态。

(3)向用户提供定位和授时服务,并存储用户有关信息。

(4)转发用户间通信信息或与用户进行报文通信。

(5)监视并控制卫星有效载荷和地面应用系统的工况。

(6)对新入网用户机进行性能指标测试与入网注册登记。

(7)根据需要临时控制部分用户机的工作和关闭个别用户机。

(8)根据需要对标校机有关工作参数进行控制等。

由于一切计算和处理都集中在地面中心控制系统完成,所以,地面中心控制系统是北斗一号卫星定位系统的中枢。

2)数据处理中心

数据处理中心是北斗一号卫星定位系统信息处理、数据计算的中心,主要任务如下:

(1)识别用户身份、控制用户使用。

(2)计算用户位置。

(3)对用户进行导航和交通管制。

3)定轨观测网络

定轨观测网络是北斗一号卫星定位系统确定和保持卫星轨道的中心,主要任务如下:

(1)对卫星实施观测。

(2)计算卫星轨道。

(3)调整卫星轨道。

4)标校站

标校站网络是地面控制的重要组成部分,主要提供用户定位结果的标校改正信息,由分设在服务区内若干已知点上的各类标校站组成。标校站均为无人值守的自动数据采集站,在运行控制中心的控制下工作。标校系统利用中心控制系统的统一时间同步机理,测量完成从控制中心经卫星至标校机的往返距离,为卫星轨道确定、电离层折射延迟校正、气压测高校正提供距离观测量和校正参数。

标校站按其用途分为测轨、定位和测高三类标校站。测轨标校站为系统确定卫星实时轨道提供观测数据;定位标校站为系统采用差分定位技术提供标准观测数据,以消除系统误差对定位精度的影响;测高标校站为系统计算用户参考高程所需气压、温度和湿度数据,以消除定位多值解。

3. 用户设备部分

用户设备部分的主要任务是接收地面控制中心经卫星转发的测距和通信查询信号,经混频和放大后通过发射装置向卫星发射应答信号,接收定位结果,发送和接收短报文通信。根据执行任务的不同,用户终端分为定位终端、通信终端、卫星测轨终端、差分定位标校站终端、气压测高标校站终端、校时终端和集团用户管理站终端等。

3.2.3 服务能力

1. 主要功能

北斗一号卫星定位系统具有快速定位、实时导航、简短通信和精密定时四大功能。

(1)服务范围:北斗一号服务区域为 70°E ~ 140°E,5°N ~ 55°N。在服务范围内南北方向呈现离赤道越近精度越低,东西方向呈现离服务区边缘越近精度越低的特点。

(2)定位(导航):快速确定用户所在点的地理位置,向用户及主管部门提供导航信息。在标校站覆盖区定位精度可达到 20m,无标校站覆盖区定位精度优于 100m。

(3)通信:用户与用户、用户与中心控制系统之间均可实现最多 120 个汉字的双向短报文通信,并可通过互联网、移动通信系统互通。

(4)定时:中心控制系统定时播发授时信息,为定时用户提供时延修正值。定时精度可达 100ns(单向授时)和 20ns(双向授时)。

2. 系统优点

1)首次定位快

北斗一号系统用户定位、电文通信和位置报告可在 2s 内完成,而 GPS 和 GLONASS 首次定位一般需要 1 ~ 3min。

2)集定位、授时和报文通信为一体

GPS 和 GLONASS 系统只解决了用户在何时、在何地的定位和授时问题。北斗一号系统是世界上首个集定位、授时和报文通信为一体的卫星导航系统,解决了"是谁,何时,在哪里"的相关问题,实现了位置报告、态势共享。

3）定时精度高

北斗一号系统的单向定时精度达到100ns,双向定时精度达到20ns。

4）保密性好

采用扩频通信体制,位置和短报文通信的传输采取一机一密、一次一密,保密等级达到机密级。

5）可实现分类保障

使用中划分等级范围,授权与非授权用户分开,确保随时做好定位保障能力的部署调整、优先等级调配和能力集成。

3. 系统不足

从北斗一号定位过程可以看出,由于系统采用两颗卫星参与定位解算,系统只能通过双向信号传输,由地面控制中心测量收发时间差并为用户算出所在位置。每次定位信号要由地面到卫星往返两次,用时约0.5s,再加上地面站的响应和计算时间,即使是最高优先级的用户,一次定位至少也要近1s。而且最高优先级的用户数量是有限的。

北斗一号的定位原理,突出表现了以下不足:

(1)系统采用有源工作方式,用户要发射信号,隐蔽性差。

(2)定位过程有时延,无法满足动态用户的实时定位需求。

(3)本身为二维定位系统,需要高程或高程库的支持,无法满足空中用户的需求。

(4)不能高频度连续导航,定位频度受限(最快为1次/s)。

(5)地面中心技术密集,用户数量有容量受限。

3.3 北斗二号卫星导航系统

按照"三步走"的总体规划,"先区域、后全球,先有源、后无源"的总体发展思路分步实施,形成突出区域、面向世界、富有特色的北斗卫星导航系统发展道路。

三步走总体规划的第二步是建设北斗二号系统。北斗二号系统在兼容北斗一号有源定位技术体制基础上,增加无源定位体制,为亚太地区用户提供定位、测速、授时、广域差分和短报文通信服务。

北斗二号同时具备 RDSS 和 RNSS 功能,其中 RDSS 功能在北斗一号章节中已详细介绍,本章主要介绍 RNSS 功能。

3.3.1 系统概况

北斗二号卫星导航系统于 2004 年启动工程建设,2006 年发射第一颗试验卫星,2011 年底,完成 14 颗卫星发射组网,并提供系统试运行。2012 年底系统正式运行,发布了《北斗卫星导航系统空间信号接口控制文件》,并正式公布了英文名称 BeiDou Navigation Satellite System,简称 BDS。北斗二号系统在兼容北斗一号系统信号技术体制的基础上,增加无源定位体制,为亚太地区用户提供定位、测速、授时、广域差分和短报文通信服务。

3.3.2 系统组成

北斗二号卫星导航系统包括空间星座部分、地面监控部分、用户设备三大部分。

1. 空间星座部分

北斗二号基本空间星座如图 3 – 5 所示,由 5 颗 GEO 卫星、5 颗 IGSO 卫星和 4 颗 MEO 卫星组成。GEO 卫星轨道高度 35786km,分别定点于东经 58.75°、80°、110.5°、140°和 160°;IGSO 卫星轨道高度 35786km,轨道倾角 55°;MEO 卫星轨道高度 21528km,轨道倾角 55°。

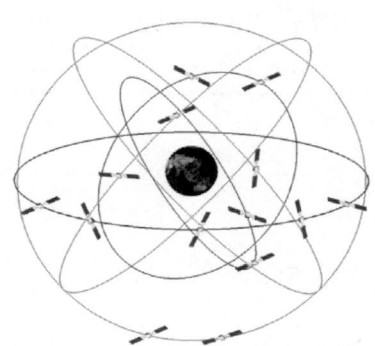

图 3 – 5 北斗二号空间星座图

北斗二号卫星发射情况如表 3 – 2 所示。

北斗二号系统的 GEO 卫星同时具备 RDSS 和 RNSS 功能,IGSO 卫星和 MEO 卫星只具备 RNSS 功能。

表 3-2　北斗二号卫星发射列表

卫星	发射时间	卫星类型	当前状态
第 1 颗北斗导航卫星	2007 年 4 月 14 日	MEO	退役
第 2 颗北斗导航卫星	2009 年 4 月 15 日	GEO	退役
第 3 颗北斗导航卫星	2010 年 1 月 17 日	GEO	正常
第 4 颗北斗导航卫星	2010 年 6 月 2 日	GEO	在轨维护
第 5 颗北斗导航卫星	2010 年 8 月 1 日	IGSO	正常
第 6 颗北斗导航卫星	2010 年 11 月 1 日	GEO	正常
第 7 颗北斗导航卫星	2010 年 12 月 18 日	IGSO	正常
第 8 颗北斗导航卫星	2011 年 4 月 10 日	IGSO	正常
第 9 颗北斗导航卫星	2011 年 7 月 27 日	IGSO	正常
第 10 颗北斗导航卫星	2011 年 12 月 2 日	IGSO	正常
第 11 颗北斗导航卫星	2012 年 2 月 25 日	GEO	正常
第 12、13 颗北斗导航卫星	2012 年 4 月 30 日	MEO	正常
第 14 颗北斗导航卫星	2012 年 9 月 19 日	MEO	退役
第 15 颗北斗导航卫星	2012 年 9 月 19 日	MEO	正常
第 16 颗北斗导航卫星	2012 年 10 月 25 日	GEO	退役
第 22 颗北斗导航卫星	2016 年 3 月 30 日	IGSO	正常
第 23 颗北斗导航卫星	2016 年 6 月 12 日	GEO	正常

注：截至 2012 年 12 月 27 日，系统宣布正式运行。

2. 地面监控部分

地面控制部分负责系统导航任务的运行控制，主要由主控站、时间同步/注入站、监测站等组成。

主控站是北斗卫星导航系统的运行控制中心，主要任务包括：

（1）收集各时间同步/注入站、监测站的导航信号监测数据，进行数据处理，生成导航电文等。

（2）负责任务规划、调度和系统运行管理、控制。

（3）负责星地时间观测比对，向卫星注入导航电文参数。

（4）卫星有效载荷监测和异常情况分析等。

时间同步/注入站主要负责完成星地时间同步测量，向卫星注入导航电文参数。

监测站对卫星导航信号进行连续观测,为主控站提供实时观测数据。

3. 用户设备部分

卫星导航系统的空间卫星部分和地面监控部分是用户应用该系统进行导航定位的基础。用户设备的主要任务是接收卫星发射的导航信号,以获得必要的导航定位信息及观测量,并经数据处理,实现定位、测速、授时,并完成导航工作。

3.3.3 信号结构

卫星发播的导航信号是卫星导航接收机进行导航定位的前提。北斗二号卫星导航系统发播的信号构成如图3-6所示,包括 RNSS 和 RDSS 两大类,其中 RDSS 是从北斗一号系统继承得来。北斗二号系统 RNSS 发送 B1、B2 和 B3 三种频率的导航信号,分为 I、Q 支路,其中 I 支路是公开信号,Q 支路是授权服务信号,为授权用户使用,本章节主要介绍提供公开服务的 I 支路信号。

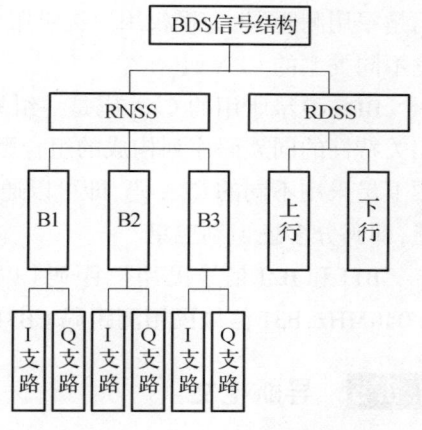

图3-6 北斗二号信号结构

北斗二号卫星导航系统的 RNSS 信号构成如图3-7所示,由载波及调制在载波上的测距码、导航电文等组成。

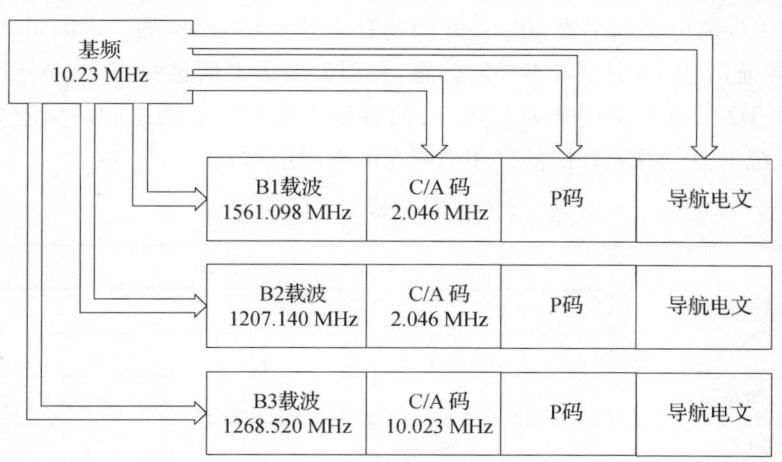

图3-7 北斗二号 RNSS 部分信号结构

测距码是一种调制在载波信号上用于测量卫星至地面用户设备间距离的二进制码。北斗二号卫星导航系统中的测距码为伪随机码,在不同频率载波上调制了不同的伪随机码。

导航电文是包含有关卫星的星历、卫星工作状态、时间信息、卫星钟运行状态、轨道摄动改正和其他用于实现导航定位所必需的信息,是利用卫星进行导航的数据基础。

3.3.4 伪随机测距码

北斗二号卫星导航系统采用两种类型的测距码,即 C/A 码和 P 码,其中 P 码是军用测距码,为授权用户提供服务,C/A 码是民用测距码,在不同频率上播发不同类型的 C/A 码。

BDS 卫星所用的 C/A 码是一组易于捕获的短码,该码采用两个具有良好互相关特性的同族码序列构成的组合歌德码(Gold)。在同一个频率的载波上,每颗卫星采用不同的 C/A 码,即可以通过接收到的信号中的 C/A 码识别不同的卫星,即码分多址识别卫星。

B1I 和 B2I 信号民用测距码(以下简称 CB1I 码和 CB2I 码)的码速率为 2.046MHz,B3I 信号民用测距码 CB3I 的码速率为 10.23MHz。

3.3.5 导航电文

根据导航电文发播速率和播发该电文的卫星轨道类型不同,北斗二号导航电文分为 D1 导航电文和 D2 导航电文。北斗二号导航电文基本特点如表 3-3 所示。D1 导航电文速率为 50b/s,并调制有速率为 1000b/s 的二次编码,内容包含基本导航信息(本卫星基本导航信息、全部卫星历书信息、与其他系统时间同步信息);D2 导航电文速率为 500b/s,内容包含基本导航信息和广域差分信息(北斗系统的差分及完好性信息和格网点电离层信息)。

表 3-3 北斗二号电文基本特点

播发内容	导航系统 BDS	
	D1	D2
全部星历	720s	360s
基本星历	30s	3s
星历更新周期	1h	1h

续表

播发内容	导航系统 BDS	
	D1	D2
校验方法	BCH	BCH
播发速率	50	500
电文播发顺序	固定	固定
加载的卫星	IGSO/MEO	GEO
加载频率	B1I、B2I、B3I	

北斗二号卫星导航系统不同轨道类型的卫星上播发不同的导航电文，在 IGSO 和 MEO 卫星上播放 D1 类型导航电文，在 GEO 卫星上播发的 D2 类型导航电文。

1. 导航电文信息类别及播发特点

导航电文中基本导航信息和广域差分信息的类别及播发特点如表 3 – 4 所示。

表 3 – 4　D1、D2 导航电文信息类别及播发特点

电文信息类别		比特数	播发特点	
帧同步码(Pre)		11	每子帧重复一次	
子帧计数(FraID)		3		
周内秒计数(SOW)		20		
本卫星基本导航信息	整周计数(WN)	13	D1:在子帧 1、2、3 中播发,30s 重复周期 D2:在子帧 1 页面 1~10 的前 5 个字中播发,30s 重复周期,更新周期:1h	所有卫星都播发基本导航信息
	用户距离精度指数(URAI)	4		
	卫星自主健康标识(SatH1)	1		
	星上设备时延差(T_{GD1}, T_{GD2})	20		
	时钟数据龄期(AODC)	5		
	钟差参数(t_{oc}, a_0, a_1, a_2)	74		
	星历数据龄期(AODE)	5		
	星历参数(t_{oe}, A, e, ω, Δn, M_0, Ω_0, i_0, i, C_{us}, C_{uc}, C_{rs}, C_{rc}, C_{is}, C_{ic})	371		
	电离层模型参数(α_n, β_n, $n = 0 \sim 3$)	64		

续表

电文信息类别		比特数	播发特点	
页面编号（Pnum）		7	D1：在第4和第5子帧中播发 D2：在第5子帧中播发	
历书信息	历书信息扩展标识（AmEpID）		D1：在子帧4页面1~24、子帧5页面1~6中播发 D2：在子帧5页面37~60、95~100中播发	所有卫星都播发基本导航信息
	历书参数（t_{oa},A,e,ω,M_0,Ω_0,δ_i,a_0,a_1,AmID）	178	D1：在子帧4页面1~24、子帧5页面1~6中播发1~30号卫星；在子帧5页面11~23中分时播发31~63号卫星，需结合AmEpID和AmID识别 D2：在子帧5页面37~60、95~100中播发1~30号卫星；在子帧5页面103~115中分时播发31~63号卫星，需结合AmEpID和AmID识别 更新周期：小于7天	
	历书周计数（WNa）	8	D1：在子帧5页面8中播发 D2：在子帧5页面36中播发 更新周期：小于7天	
	卫星健康信息（Hea_i,$i=1~43$）	9×43	D1：在子帧5页面7、8中播发1~30号卫星健康信息；在子帧5页面24中分时播发31~63号卫星健康信息，需结合AmEpID和AmID识别 D2：在子帧5页面35、36中播发1~30号卫星健康信息；在子帧5页面116中分时播发31~63号卫星健康信息，需结合AmEpID和AmID识别 更新周期：小于7天	
与其他系统时间同步信息	与UTC时间同步参数（A_{0UTC},A_{1UTC},Δt_{LS},Δt_{LSF},WN_{LSF},DN）	88	D1：在子帧5页面9~10中播发 D2：在子帧5页面101、102中播发 更新周期：小于7天	
	与GPS时间同步参数（A_{0GPS},A_{1GPS}）	30		
	与Galileo时间同步参数（A_{0Gal},A_{1Gal}）	30		
	与GLONASS时间同步参数（A_{0GLO},A_{1GLO}）	30		

60

续表

电文信息类别		比特数	播发特点	
基本导航信息页面编号(Pnum1)		4	D2:在子帧 1 全部 10 个页面中播发	
完好性及差分信息页面编号(Pnum2)		4	D2:在子帧 2 全部 6 个页面中播发	
完好性及差分信息健康标识(SatH2)		2	D2:在子帧 2 全部 6 个页面中播发 更新周期:3s	
北斗系统完好性及差分信息扩展标识(BDEpID)		2	D2:在子帧 4 全部 6 个页面中播发	
北斗系统完好性及差分信息卫星标识(BDID$_i$, $i=1$~63)		1×63	D2:在子帧 2 全部 6 个页面播发 1~30 号卫星;在子帧 4 全部 6 个页面播发 31~63 号卫星 更新周期:3s	完好性、差分信息、格网点电离层信息只由 GEO 卫星播发
北斗系统差分及差分完好性信息	区域用户距离精度指数(RURAI$_i$, $i=1$~24)	4×24	D2:在子帧2、子帧3和子帧4全部6个页面播发 更新周期:18s	
	等效钟差改正数(Δt_i, $i=1$~24)	13×24	D2:在子帧2、子帧3和子帧4全部6个页面播发 更新周期:18s	
	用户差分距离误差指数(UDREI$_i$, $i=1$~24)	4×24	D2:在子帧2、子帧4全部6个页面播发 更新周期:3s	
格网点电离层信息	格网点电离层垂直延迟(dτ)	9×320	D2:在子帧2、子帧4全部6个页面播发 更新周期:3s	
	格网点电离层垂直延迟改正数误差指数(GIVEI)	4×320	D2:在子帧 5 页面 1~13,61~73 中播发 更新周期:6min	

2. 导航电文数据码纠错编码方式

北斗二号导航电文采取 BCH(15,11,1) 码加交织方式进行纠错。BCH 码长为 15bit,信息位为 11bit,纠错能力为 1bit,其生成多项为 $g(X) = X^4 +$

$X+1$。导航电文数据码按每11bit顺序分组,对需要交织的数据码先进行"串/并"变换,然后进行BCH(15,11,1)纠错编码,每两组BCH码,按1bit顺序进行"并/串"变换,组成30bit码长的交织码,其纠错编码方式如图3-8所示。

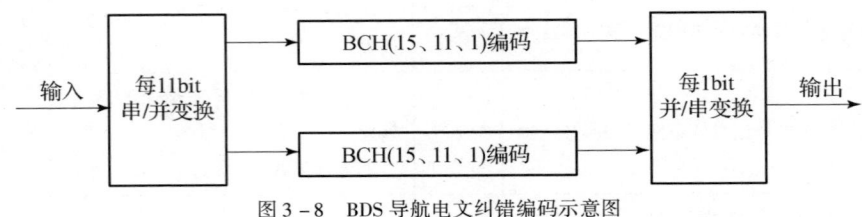

图3-8　BDS导航电文纠错编码示意图

BCH(15,11,1)编码框图如图3-9所示。

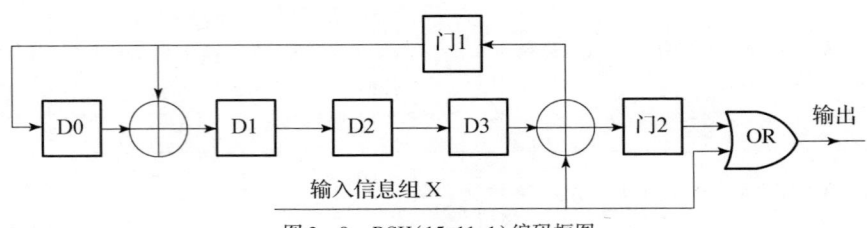

图3-9　BCH(15,11,1)编码框图

接收机接收到数据码信息后按每1bit顺序进行"串/并"变换,进行BCH(15,11,1)纠错译码,对交织部分按11bit顺序进行"并/串"变换,组成22bit信息码,用户接收后译码方法如图3-10所示。

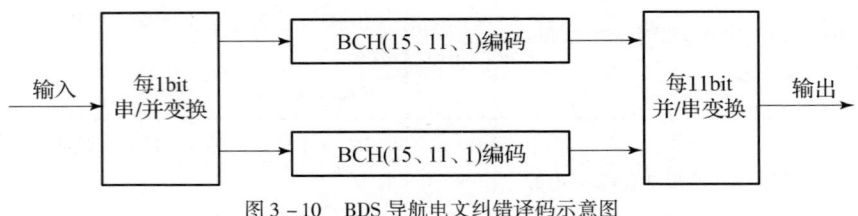

图3-10　BDS导航电文纠错译码示意图

BCH译码框图如图3-11所示。

3. D1导航电文的格式

D1导航电文由超帧、主帧和子帧组成。每个超帧为36000bit,播发速率50b/s,历时12min,每个超帧由24个主帧组成(24个页面);每个主帧为1500bit,历时30s,每个主帧由5个子帧组成;每个子帧为300bit,历时6s,每个子帧由10个字组成;每个字为30bit,历时0.6s。

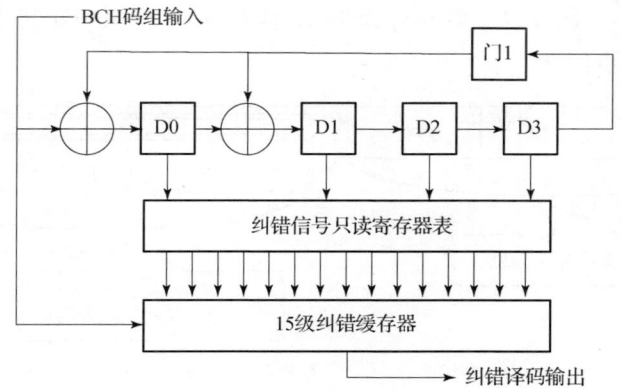

图 3-11 BCH(15,11,1)译码框图

每个字由导航电文数据及校验码两部分组成。每个子帧第 1 个字的前 15bit 信息不进行纠错编码,后 11bit 信息采用 BCH(15,11,1)方式进行纠错,信息位共有 26bit;其他 9 个字均采用 BCH(15,11,1)加交织方式进行纠错编码,信息位共有 22bit。D1 导航电文帧结构如图 3-12 所示。

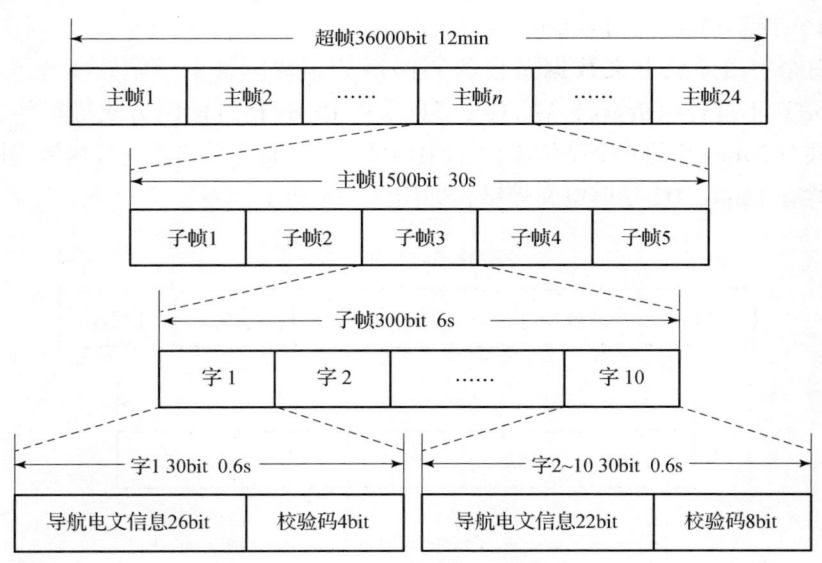

图 3-12 D1 导航电文帧结构

D1 导航电文包含有基本导航信息,包括本卫星基本导航信息(包括:周内秒计数、整周计数、用户距离精度指数、卫星自主健康标识、电离层延迟模型改正参数、卫星星历参数及数据龄期、卫星钟差参数及数据龄期、星上设备时延差)、全部卫星历书信息及与其他系统时间同步信息(UTC,其他卫星导航系统时)。

D1 导航电文主帧结构及信息内容如图 3-13 所示。子帧 1 至子帧 3 播发

63

基本导航信息；子帧 4 和子帧 5 分为 24 个页面，播发全部卫星历书信息及与其他系统时间同步信息。

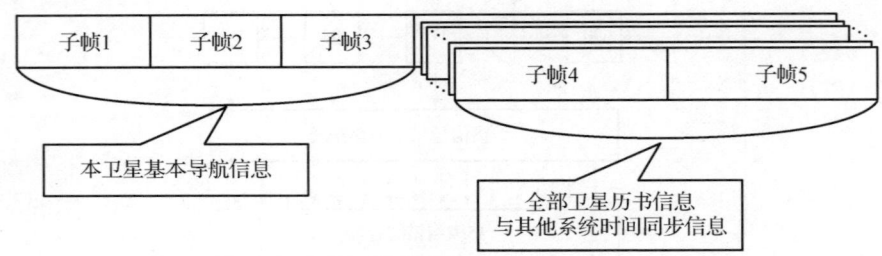

图 3-13　D1 导航电文主帧结构与信息内容

4. D2 导航电文的格式

D2 导航电文由超帧、主帧和子帧组成。每个超帧为 180000bit，播发速率 500b/s，历时 6min，每个超帧由 120 个主帧组成，每个主帧为 1500bit，历时 3s，每个主帧由 5 个子帧组成，每个子帧为 300bit，历时 0.6s，每个子帧由 10 个字组成，每个字为 30bit，历时 0.06s。

每个字由导航电文数据及校验码两部分组成。每个子帧第 1 个字的前 15bit 信息不进行纠错编码，后 11bit 信息采用 BCH(15,11,1) 方式进行纠错，信息位共有 26bit；其他 9 个字均采用 BCH(15,11,1) 加交织方式进行纠错编码，信息位共有 22bit。D2 导航电文帧结构如图 3-14 所示。

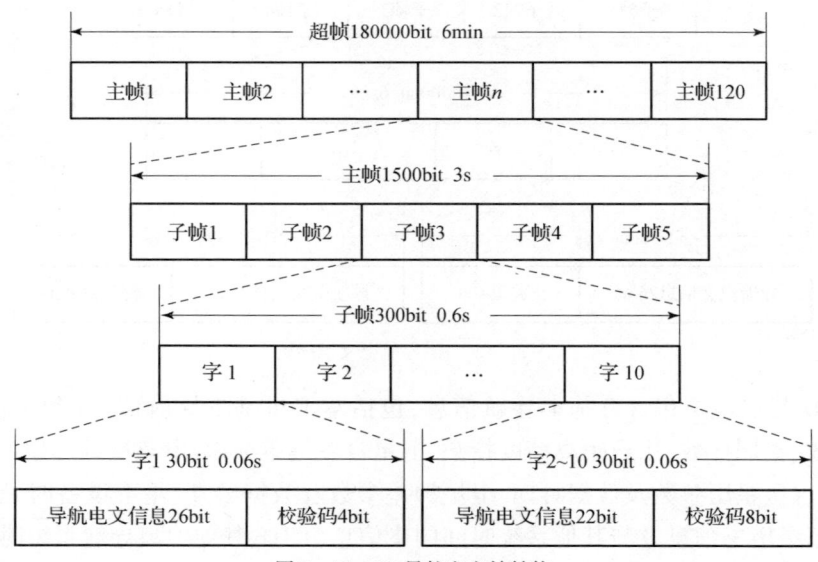

图 3-14　D2 导航电文帧结构

D2 导航电文包括本卫星基本导航信息,全部卫星历书信息,与其他系统时间同步信息,北斗卫星导航系统完好性及差分信息,格网点电离层信息。主帧结构及信息内容如图 3-15 所示。子帧 1 播发基本导航信息,由 10 个页面分时发送,子帧 2 至子帧 4 信息由 6 个页面分时发送,子帧 5 中信息由 120 个页面分时发送。

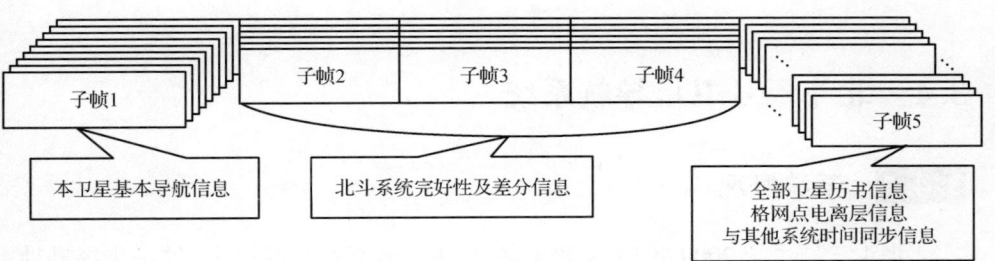

图 3-15　D2 导航电文主帧结构与信息内容

D2 导航电文各子帧格式编排中,子帧 4 页面 1~6 扩展播发北斗系统完好性及差分信息,子帧 5 页面 103~116 扩展播发卫星历书信息,子帧 1 页面 1~10 的低 150bit 信息、子帧 5 页面 14~34、页面 74~94、页面 117~120 为预留信息。

3.3.6　服务能力

1. 主要功能

北斗二号卫星导航系统服务区内公开服务定位/测速/授时/通信精度指标如表 3-5 所示。

表 3-5　北斗二号卫星导航系统服务区内公开服指标

服务精度	参考指标(95%置信度)	约束条件
定位精度(水平)	≤10m	服务区任意点 24h 的定位/测速/授时误差的统计值
定位精度(高程)	≤10m	
测速精度	≤0.2m/s	
授时精度	≤50ns	
通信能力	120 个汉字	单次通信能力
通信间隔	60s	公开服务通信间隔

2. 服务范围

北斗系统公开服务区指满足水平和垂直定位精度优于10m(置信度95%)的服务范围。北斗系统已实现区域服务能力,现阶段可以连续提供公开服务的区域包括55°S~55°N,70°E~150°E的大部分区域。

3.4 北斗三号卫星导航系统

3.4.1 系统概况

北斗三号系统2009年启动建设,在北斗二号系统的基础上,进一步提升性能、扩展功能,完成了30颗卫星组网发射,2020年7月31日系统正式提供服务。北斗三号系统采用有源服务和无源服务两种技术体制,为全球用户提供定位导航授时、全球短报文通信和国际搜救服务,同时可为中国及周边地区用户提供星基增强、地基增强、精密单点定位和区域短报文通信等服务。

3.4.2 系统组成

北斗三号卫星导航系统由空间星座部分、地面监控部分、用户设备三大部分组成。

1. 空间星座部分

北斗卫星导航系统空间星座将从北斗二号逐步过渡到北斗三号,在全球范围内提供公开服务。

北斗三号基本空间星座如图3-16所示,由3颗GEO卫星、3颗IGSO卫星和24颗MEO卫星组成,并视情部署在轨备份卫星,星座构型如图3-16所示。GEO卫星轨道高度35786km,分别定点于东经80°、110.5°和140°;IGSO卫星轨道高度35786km,轨道倾角55°;MEO卫星轨道高度21528km,轨道倾角55°。

北斗三号系统正式组网前,发射了5颗北斗三号试验卫星,开展在轨试验验证,研制了更高性能的星载铷原子钟和氢原子钟,进一步提高了卫星性能与寿命;后期成功发射了30颗北斗三号卫星,构建了稳定可靠的星间链路,实现星间、星地联合组网。北斗三号卫星发射列表如表3-6所示。

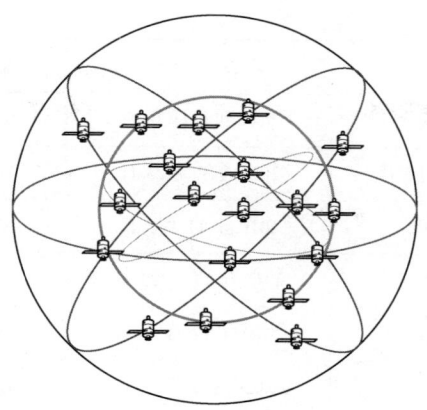

图 3-16 北斗三号空间星座图

表 3-6 北斗三号卫星发射列表

卫　　星	发射时间	卫星类型	当前状态
第 17 颗北斗导航卫星	2015 年 3 月 30 日	IGSO	在轨试验
第 18、19 颗北斗导航卫星	2015 年 7 月 25 日	MEO	在轨试验
第 20 颗北斗导航卫星	2015 年 9 月 30 日	IGSO	在轨试验
第 21 颗北斗导航卫星	2016 年 2 月 1 日	MEO	在轨试验
第 24、25 颗北斗导航卫星	2017 年 11 月 5 日	MEO	正常
第 26、27 颗北斗导航卫星	2018 年 1 月 12 日	MEO	正常
第 28、29 颗北斗导航卫星	2018 年 2 月 11 日	MEO	正常
第 30、31 颗北斗导航卫星	2018 年 3 月 30 日	MEO	正常
第 32 颗北斗导航卫星	2018 年 7 月 10 日	IGSO	正常
第 33、34 颗北斗导航卫星	2018 年 7 月 29 日	MEO	正常
第 35、36 颗北斗导航卫星	2018 年 8 月 25 日	MEO	正常
第 37、38 颗北斗导航卫星	2018 年 9 月 19 日	MEO	正常
第 39、40 颗北斗导航卫星	2018 年 10 月 15 日	MEO	正常
第 41 颗北斗导航卫星	2018 年 11 月 1 日	GEO	正常
第 42、43 颗北斗导航卫星	2018 年 11 月 19 日	MEO	正常
第 44 颗北斗导航卫星	2019 年 4 月 20 日	IGSO	正常
第 45 颗北斗导航卫星	2019 年 5 月 17 日	GEO	正常

续表

卫　星	发射时间	卫星类型	当前状态
第46颗北斗导航卫星	2019年6月25日	IGSO	正常
第47、48颗北斗导航卫星	2019年9月23日	MEO	正常
第49颗北斗导航卫星	2019年11月5日	IGSO	正常
第50、51颗北斗导航卫星	2019年11月23日	MEO	正常
第52、53颗北斗导航卫星	2019年12月16日	MEO	正常
第54颗北斗导航卫星	2020年3月9日	GEO	正常
第55颗北斗导航卫星	2020年6月23日	GEO	正常

注：截至2020年7月31日，系统宣布正式运行。

2. 地面监控部分

地面监控部分负责系统导航任务的运行控制，主要由主控站、时间同步/注入站、监测站等组成。

与北斗二号系统相比，北斗三号系统地面监控部分建立了高精度时间和空间基准，增加了星间链路运行管理设施，实现了基于星地和星间链路联合观测的卫星轨道和钟差测定业务处理，具备定位、测速、授时等全球基本导航服务能力；同时，开展了短报文通信、星基增强、国际搜救、精密单点定位等服务的地面设施建设。

3.4.3　信号结构

1. 北斗三号信号结构

北斗三号系统设计的服务类型、信号频点以及加载的卫星轨道类型如表3-7所示。

北斗三号系统提供包括基本定位导航授时、短报文通信、星基增强、国际搜救、精密单点定位等服务，本节主要介绍导航系统直接提供的公开服务中的基本定位导航授时服务与精密单点定位服务的信号。北斗三号系统提供的公开导航类服务信号如表3-8所示。

表 3-7 北斗三号系统信号基本设计

服务类型	信号频点	卫星
基本服务(公开)	B1I、B3I、B1C、B2a、B2b	3IGSO+24MEO
	B1I、B3I	3GEO
基本服务(授权)	B1A、B3Q、B3A	3GEO+3IGSO+24MEO
短报文通信服务(区域)	L(上行)、S(下行)	3GEO
短报文通信服务(全球)	L(上行)	14MEO
	B2a(下行)	3IGSO+24MEO
星基增强服务(区域)	BDSBAS-B1C	3GEO
	BDSBAS-B2a	
国际搜救服务(全球)	UHF(上行)	6MEO
	B2b(下行)	3IGSO+24MEO
精密单点定位服务(区域)	B2b	3GEO

表 3-8 北斗三号系统信号基本结构

服务类型	信号	载波频率/MHz	带宽	电文类型	播发卫星
基本导航服务	B1I	1561.098	4.092	D1、D2	3GEO+3IGSO+24MEO
	B1C	1575.420	32.736	B-CNAV1	3IGSO+24MEO
	B2a	1176.450	20.460	B-CNAV2	3IGSO+24MEO
	B2b	1207.140	20.460	B-CNAV3	3IGSO+24MEO
	B3I	1268.520	20.460	D1、D2	3GEO+3IGSO+24MEO
精密单点定位服务	B2b	1207.140	20.460	B-CNAV3	3GEO

B1I、B3I 信号在北斗二号和北斗三号的 MEO 卫星、IGSO 卫星和 GEO 卫星上播发,提供基本导航公开服务;B1C、B2a、B2b 只在北斗三号的 MEO 卫星、IGSO 卫星播发,提供基本导航公开服务;PPP-B2b 信号只在北斗三号的 GEO 卫星上播发,提供区域精密单点定位公开服务。

2. 与北斗二号信号的继承性

北斗二号公开信号包括 B1I、B2I 和 B3I 三个频点,北斗三号公开导航信号包括 B1I、B1C、B2a、B2b 和 B3I。其中，B1I 和 B3I 在北斗二号和北斗三号公开信号中是相同的，北斗二号中的 B2I 在北斗三号中将逐步由 B2a 取代。

3.4.4 导航电文

根据播发的卫星轨道类型不同，北斗三号在 IGSO 和 MEO 卫星 B1I、B3I、B1C、B2a、B2b 信号上提供基本导航服务，在 GEO 卫星 B2b 信号上还提供精密单点定位服务。北斗三号电文基本特点如表 3-9 所示，基本导航服务导航电文包含的参数含义、使用方法与北斗二号导航电文一致。由于 B1I、B3I 上的导航电文与北斗二号一致，本节主要讨论 B1C、B2a、B2b 上的导航电文。

表 3-9 北斗三号电文基本特点

播发内容	导航系统 BDS				
	D1	D2	CNAV1	CNAV2	CNAV3
全部星历	720s	360s	无固定时间	无固定时间	无固定时间
基本星历	30s	3s	18s	6s	1s
星历更新周期	1h	1h	1h	1h	1h
校验方法	BCH	BCH	BCH + LDPC	CRC + LDPC	BCH + LDPC
播发速率/(b/s)	50	500	100	200	1000
电文播发顺序	固定	固定	根据实际情况播发	根据实际情况播发	根据实际情况播发
加载频率	B1I、B3I	B1I、B3I	B1C	B2a	B2b

1. B-CNAV1 导航电文

在 B1C 信号中播发 B-CNAV1 导航电文，电文数据调制在 B1C 数据分量上。每帧电文长度为 1800 符号位，符号速率为 100symbol/s，播发周期为 18s。基本的帧结构定义如图 3-17 所示。

2. B-CNAV2 导航电文

在 B2a 信号中播发 B-CNAV2 导航电文，电文数据调制在 B2a 数据分量上。每帧电文长度为 600 符号位，符号速率为 200symbol/s，播发周期为 3s。基本的帧结构定义如图 3-18 所示。

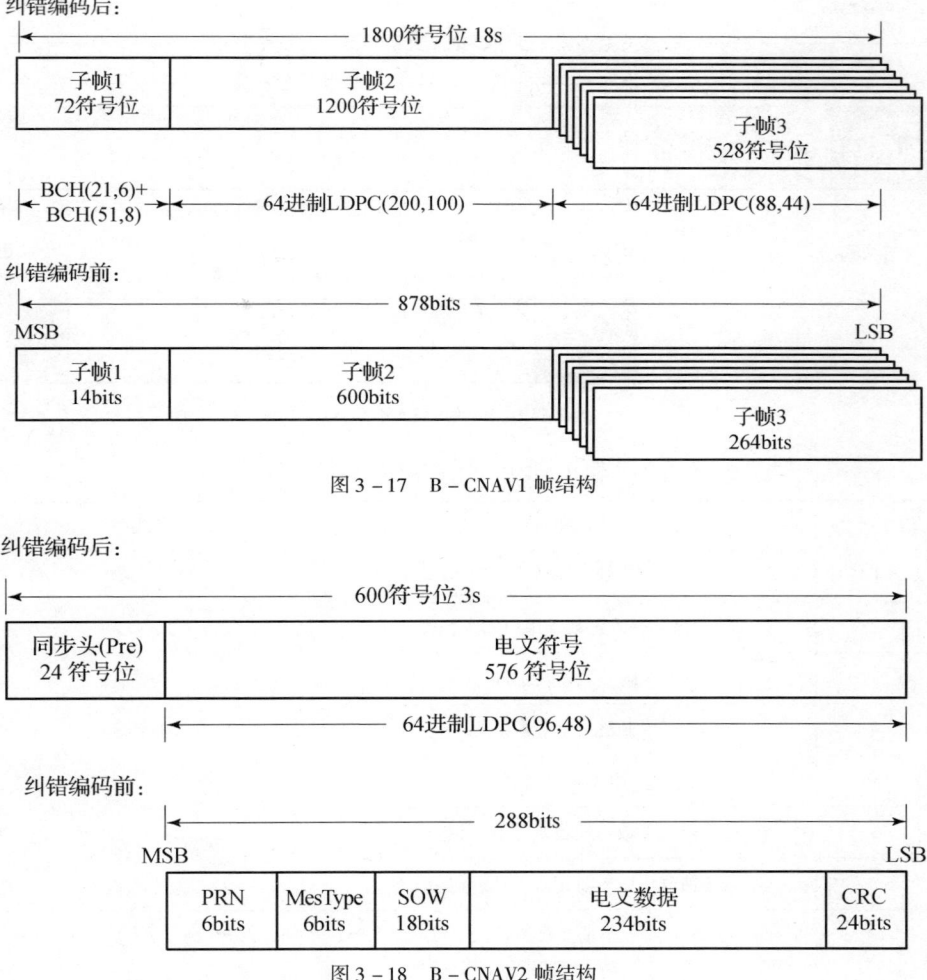

图 3–17 B–CNAV1 帧结构

图 3–18 B–CNAV2 帧结构

3. B–CNAV3 导航电文

在 B2b 信号中播发 B–CNAV3 格式导航电文,每帧电文长度为 1000 符号位,采用 64 进制 LDPC(162,81)编码后,长度为 972 符号位,符号速率为 1000symbol/s,播发周期为 1s。B–CNAV3 的帧结构定义如图 3–19 所示。B–CNAV3 格式导航电文分为基本导航电文和精密单点定位导航电文,不同用途导航电文有不同的定义,用于区分有效数据域播发的信息内容。

B–CNAV3 基本导航电文设计了 6 个比特标记导航电文数据类型,共 63 个有效信息类型,已有定义的信息类型见表 3–10,其余信息类型为预留。

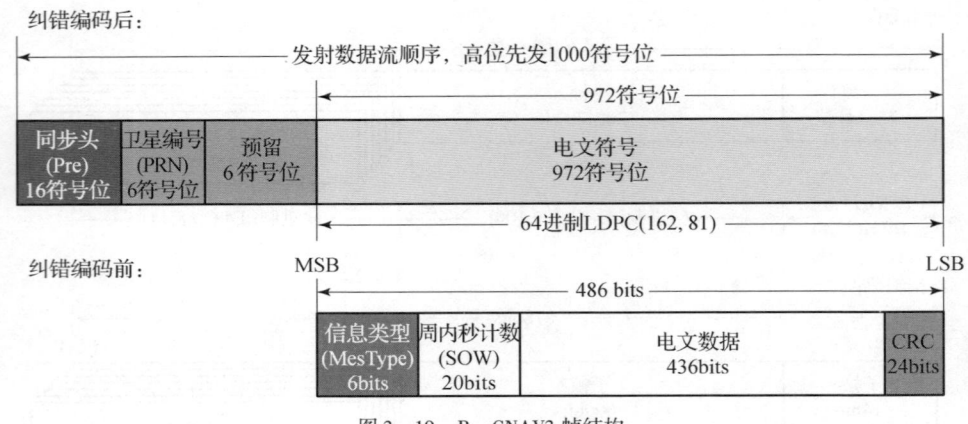

图 3-19　B-CNAV3 帧结构

表 3-10　信息类型定义

信息类型	信息内容	服务类型
1	卫星掩码	精密单点定位
2	卫星轨道改正数及用户测距精度	
3	码间偏差改正数	
4	卫星钟差改正数	
5	用户测距精度	
6	星钟改正数与轨道改正数-组合 1	
7	星钟改正数与轨道改正数-组合 2	
10	当前星星历	基本导航服务
30	钟差与时间信息	
40	历书	

3.4.5　服务能力

北斗系统具备导航定位和通信数传两大功能,提供七种服务,具体包括:面向全球范围,提供定位导航授时(Global Navigation Satellite System,RNSS)、全球短报文通信(Global Short Message Communication,GSMC)和国际搜救(Search And Rescue,SAR)3 种服务;在中国及周边地区,提供星基增强(Satellite-Based Augmentation System,SBAS)、地基增强(Ground Augmentation System,GAS)、精密

单点定位(Precise Point Positioning,PPP)和区域短报文通信(Regional Short Message Communication,RSMC)4种服务(表3-11)。其中,2018年12月RNSS服务已向全球开通,2019年12月GSMC、SAR和GAS服务已具备能力,2020年SBAS、PPP和RSMC服务形成能力。

表3-11 北斗系统服务项目表

服务类型		信号频段	播发手段
全球范围	定位导航授时（RNSS）	B1I、B3I	3GEO+3IGSO+24MEO
		B1C、B2a、B2b	3IGSO+24MEO
	全球短报文通信（GSMC）	上行 L 下行 GSMC-B2b	上行 14MEO 下行 3IGSO+24MEO
	国际搜救（SAR）	上行 UHF 下行 SAR-B2b	上行 6MEO 下行 3IGSO+24MEO
中国及周边地区	星基增强（SBAS）	BDS-SBAS-B1C、BDS-SBAS-B2a	3GEO
	地基增强（GAS）	2G、3G、4G、5G	移动通信网络 互联网络
	精密单点定位（PPP）	PPP-B2b	3GEO
	区域短报文通信（RSMC）	上行 L 下行 S	3GEO

注：中国及其周边地区东经75°~135°,北纬10°~55°。

1. RNSS 服务性能指标

北斗系统利用3颗GEO卫星、3颗IGSO卫星、24颗MEO卫星,向位于地表及其以上1000km空间的全球用户提供RNSS免费服务,主要性能详见表3-12。

表3-12 北斗系统RNSS服务主要性能指标

性能特征		性能指标	
		全球范围	亚太地区
服务精度（95%）	定位精度	水平≤10m、高程≤10m	水平≤5m、高程≤5m
	测速精度	≤0.2m/s	≤0.1m/s
	授时精度	≤20ns	≤10ns
服务可用性		≥99%	≥99%

2. SBAS 服务性能指标

北斗系统利用 GEO 卫星，向中国及周边地区用户提供符合国际民航组织标准的单频增强和双频多星座增强免费服务，旨在实现一类垂直引导进近（Approach and Landing Operations with Vertical Guidance Ⅰ, APV-Ⅰ）指标和一类精密进近（Category Ⅰ Precision Approach, CAT-Ⅰ）指标。

3. GAS 服务性能指标

北斗系统利用移动通信网络或互联网络，向北斗基准站网覆盖区内的用户提供米级、分米级、厘米级，主要性能详见表 3-13。

表 3-13 北斗系统 GAS 服务主要性能指标

性能特征	性能指标			
	单频伪距增强服务	单频载波相位增强服务	双频载波相位增强服务	双频载波相位增强服务（网络 RTK）
支持系统	BDS	BDS	BDS	BDS/GNSS
定位精度	水平≤2m 高程≤3m （95%）	水平≤1.2m 高程≤2m （95%）	水平≤0.5m 高程≤1m （95%）	水平≤5cm 高程≤10cm （RMS）
初始化时间	秒级	≤20min	≤40min	≤60s

注：实时动态定位（Real-time Kinematic, RTK）

4. PPP 服务性能指标

北斗系统利用 GEO 卫星，向中国及周边地区用户提供高精度定位免费服务，主要性能详见表 3-14。

表 3-14 北斗系统 PPP 服务主要性能指标

性能特征	性能指标	
	第一阶段（2020 年）	第二阶段（2020 年后）
播发速率	500bit/s	扩展为增强多个全球卫星导航系统，提升播发速率，视情拓展服务区域，提高定位精度、缩短收敛时间
定位精度（95%）	水平≤0.3m、高程≤0.6m	
收敛时间	≤30min	

5. RSMC 服务性能指标

北斗系统利用 GEO 卫星,向中国及周边地区用户提供区域短报文通信服务,主要性能详见表 3-15。

表 3-15 北斗系统 RSMC 服务主要性能指标

性能特征		性能指标
服务成功率		≥95%
服务频度		一般 1 次/30s,最高 1 次/1s
响应时延		≤1s
终端发射功率		≤3W
服务容量	上行	1200 万次/h
	下行	600 万次/h
单次报文最大长度		14000 比特(相当于 1000 个汉字)
定位精度 (95%)	RDSS	水平 20m、高程 20m
	RNSS	水平 10m、高程 10m
双向授时精度(95%)		10ns
使用约束及说明		若用户相对卫星径向速度大于 1000km/h,需进行自适应多普勒补偿

6. GSMC 服务性能指标

北斗系统利用 MEO 卫星,向位于地表及其以上 1000km 空间的特许用户提供全球短报文通信服务,主要性能详见表 3-16。

表 3-16 北斗系统 GSMC 服务主要性能指标

性能特征		性能指标
服务成功率		≥95%
响应时延		一般优于 1min
终端发射功率		≤10W
服务容量	上行	30 万次/h
	下行	20 万次/h

续表

性能特征	性能指标
单次报文最大长度	560 比特（相当于 40 个汉字）
使用约束及说明	用户需进行自适应多普勒补偿，且补偿后上行信号到达卫星频偏需小于 1000Hz

7. SAR 服务性能指标

北斗系统利用 MEO 卫星，按照国际搜救卫星组织标准，与其他搜救卫星系统联合向全球航海、航空和陆地用户提供免费遇险报警服务，并具备反向链路确认服务能力，主要性能详见表 3–17。

表 3–17　北斗系统 SAR 服务主要性能指标

性能特征	性能指标
检测概率	≥99%
独立定位概率	≥98%
独立定位精度（95%）	≤5km
地面接收误码率	$\leq 5 \times 10^{-5}$
可用性	≥99.5%

3.4.6　后续发展

未来，北斗系统将持续提升服务性能，扩展服务功能，保障连续稳定运行，进一步提升全球定位导航授时和区域短报文通信服务能力，并提供星基增强、地基增强、精密单点定位、全球短报文通信和国际搜救等服务。系统建设完成后，北斗卫星导航系统计划通过各类卫星提供服务指标如表 3–18 所示。

基本导航服务：为全球用户提供服务，空间信号精度将优于 0.5m；全球定位精度将优于 10m，测速精度优于 0.2m/s，授时精度优于 20ns；亚太地区定位精度将优于 5m，测速精度优于 0.1m/s，授时精度优于 10ns，整体性能大幅提升。

短报文通信服务：中国及周边地区短报文通信服务，服务容量提高 10 倍，用户机发射功率降低到原来的 1/10，单次通信能力 1000 汉字；全球短报文通信服务，单次通信能力 40 汉字。

星基增强服务：按照国际民航组织标准，服务中国及周边地区用户，支持单频及双频多星座两种增强服务模式,满足国际民航组织相关性能要求。

国际搜救服务:按照国际海事组织及国际搜索和救援卫星系统标准,服务全球用户。与其他卫星导航系统共同组成全球中轨搜救系统,同时提供反向链路,极大提升搜救效率和能力。

精密单点定位服务:服务中国及周边地区用户,具备动态分米级、静态厘米级的精密定位服务能力。

表3-18 北斗卫星导航系统公开服务定位/测速/授时/通信精度指标

服务类型、范围	服务精度	参考指标(95%置信度)
全球导航	水平定位精度	≤10m
	高程定位精度	≤10m
	测速精度	≤0.2m/s
	授时精度	≤20ns
亚太地区导航	水平定位精度	≤5m
	高程定位精度	≤5m
	测速精度	≤0.1m/s
	授时精度	≤10ns
全球短报文通信服务	通信能力	40个汉字(560bit)
	通信间隔	60s
中国及周边地区通信	通信能力	1000个汉字(14000bit)

第4章 北斗卫星导航定位中的误差

BDS 导航定位精度受到许多误差的影响,对这些误差项的改正进行分析,有助于用户削弱其影响,提高导航定位的精度。

影响 BDS 导航定位精度的误差有不同的分类方法,通常可以按来源和误差性质来划分。按照来源可分成三类:与卫星有关的误差、与传播路径有关的误差和与接收机有关和的误差,这些误差的影响如表 4-1 所示。按照误差的性质不同,误差可分为系统误差和偶然误差。系统误差的危害较大,且有规律可循,是我们研究的主要对象;偶然误差包括多路径误差和观测误差。接收机的相位中心偏差是指接收机天线几何中心和相位中线之间的距离,该项误差约为 1mm,对导航用户来说可以不考虑。

表 4-1 各种误差源对距离的影响

误差来源		对卫星到用户的距离测量的影响
卫星	轨道误差	1.5~15m
	钟误差	
信号传播	对流层	1.5~15m
	电离层	
	多路径	
接收机	观测误差	1.5~5m
	相位中心偏差	

针对影响卫星导航定位的误差项,可以采用一定的方法或措施消除或削弱其影响。

4.1 时钟误差

北斗卫星导航定位中涉及的时钟误差是指钟面时与北斗系统时之间的差值,包括卫星钟差和接收机钟差两种。

4.1.1 卫星钟差

北斗卫星导航系统的时间由系统的时频中心建立和维持的。北斗卫星导航系统地面监控部分对卫星钟运行状态的连续监测,并精确地确定钟差参数,通过导航电文向用户播发。

用户根据接收到的卫星钟差参数,t 时刻卫星钟差计算公式为

$$\delta t^j(t) = a_0 + a_1(t - t_{oe}) + a_2(t - t_{oe})^2 \quad (4-1)$$

式中:t_{oe} 为钟差参数的参考时刻;a_0 为卫星在参考时刻的钟差;a_1 为卫星在参考时刻的钟速;a_2 为卫星在参考时刻的钟速变化率。

4.1.2 接收机钟差

接收机钟差配备有高精度的石英钟,频率稳定性在短时间内能达到 $10^{-11} \sim 10^{-12}$。

导航用户处理接收机钟差常用的方法是把每一观测时刻的接收机钟差当作一独立的未知量,在平差计算中一并解出。

4.2 卫星星历误差

卫星星历按其来源和实时性可分成两类:一类是广播星历,另一类是精密星历。BDS 的广播星历是一种典型的预报星历,由于轨道模型不够完善等原因,预报星历的精度有限。资料表明由 BDS 广播星历提供的参数计算出来的卫星位置的精度为 3~5m,且随着计算卫星位置的时间距星历参数的参考时间的间隔越长,精度越差。精密星历主要应用于相对定位和精密定位中,本课程不做讨论。

卫星星历误差是指由卫星星历给出的卫星位置和卫星的实际位置之间的偏差,主要呈现系统误差的特性。卫星星历误差的大小主要跟监测站的分布、参与计算星历的观测量的数量与质量、卫星轨道模型、解算软件的完善情况、导航政策的影响等有关。卫星星历误差在单点定位中可以不考虑。

4.3 大气传播延迟

4.3.1 大气特点概述

大气的总质量约为 3.9×10^{18} kg,约占地球总质量的百万分之一。由于地球

的引力作用,大气的质量在垂直方向分布极其不均匀,主要集中在大气层的底部,其中 75% 的质量分布在 10km 以下,而 90% 以上的质量都在 30km 以下。通过对大量观测资料的分析表明,大气在垂直方向的物理性质有很大的差异。根据温度、成分和荷电等物理性质的不同,大气可分为性质各异的若干大气层。按不同的标准,对大气层有不同的分层方法,如图 4-1 所示。

高度/km	温度	电离	磁场	传播	工程技术
100000	热大气层	质子层	磁层	电离层	上大气层
10000					
1000		电离层			
100	中大气层		功率层		
	同温层	中性层		对流层	下大气层
10	对流层				

图 4-1 大气层分层方法

对流层延迟泛指非电离大气对电磁波的折射,大约是大气层中从地面向上约 40km 的部分。

电离层指的是对流层以上的大气层,电离层中的气体分子受太阳等天体的辐射,产生强烈的电离现象,形成大量的自由电子和正离子,电磁波在电离层中传播时折射率与频率相关。

4.3.2 对流层折射影响

对流层对 L 波段电磁波产生的是非色散性折射,是传播速度和传播射线曲率的函数。而传播速度的变慢造成时间上的延迟可等效为传播路径的增加。当电磁波穿过对流层时,速度会变慢,路径也产生弯曲,使信号滞后,这就是对流层延迟。

对流层延迟随着卫星高度角的降低,大气密度的增加,延迟会逐渐增大。在中纬度的海平面上,天顶方向上的延迟可达 2.3m,当高度角为 5 度时可达 25m。对流层延迟包括干分量和湿分量两大类(图 4-2),总延迟量的 90% 是由大气中的干大气成分折射影响引起的,剩余 10% 是由湿大气引起的。

改正对流层延迟影响常用模型有很多种,比较常用的对流层模型有 Hopfield 模型、改进 Hopfield 模型和 Saastamoinen 模型,改正精度相对较高的是 Saastamoinen 模型。卫星导航系统一般不推荐用户使用哪种对流层延迟改正模型,需要用户自己根据实际情况选择。

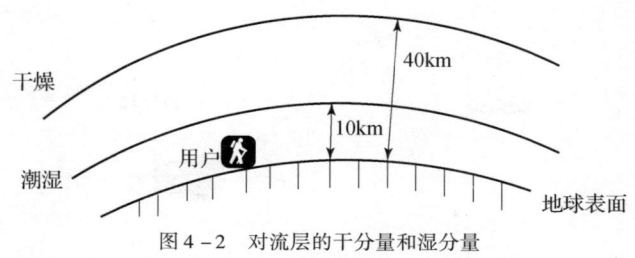

图 4-2 对流层的干分量和湿分量

4.3.3 电离层折射影响

电离层是地球高层大气的一部分,在太阳紫外线、X 射线和高能粒子作用下,地球高层大气的分子和原子电离,产生自由电子和带电离子,形成电离层,使无线电波的传播方向、速度、相位、振幅及偏振状态等发生变化。信号的电离层延迟主要取决于电离层中的电子密度,即单位体积内所含自由电子的个数。电离层天顶延迟量晚上最小,约为 5ns,白天呈正弦规律变化,最大值出现在下午两点时刻。

电离层的延迟与大气电子密度成正比,与通过的电磁波频率平方成反比。对于频率确定的电磁波而言,折射率仅取决于电子密度。电离层中的电子密度是变化的,它与太阳黑子活动状况、地球上地理位置的不同、季节变化和不同时间有关。据有关资料分析,电离层电子密度白天约为夜间的 5 倍,夏季为冬季的 4 倍,太阳黑子活动最激烈时可为最小时的 4 倍;另外,电磁波传播延迟还与进入接收机的高度角有关,当电磁波传播方向偏离天顶时,电子总量会明显增加,水平方向比天顶方向延迟最大可差 3 倍,天顶方向延迟最高可达 50m,水平方向延迟可达 150m。

电离层延迟可以通过建立电离层改正模型来削弱,常用的模型有 Klobuchar 模型、Nequick 模型等。BDS 和 GPS 导航电文为用户提供的就是 Klobuchar 模型的改正方法,Galileo 采用 Nequick 模型的改正方法。

4.4 多路径效应

多路径效应如图 4-3 所示,是指卫星导航信号从卫星发射经反射物反射到达接收机天线,和直接来自卫星的测量信号产生干涉,从而使观测值偏离真值。这种由于多路径的信号传播所引起的干涉时延效应称为多路径效应或多路径误差。

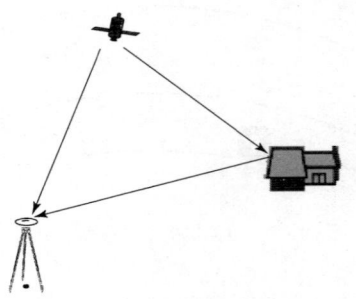

图 4 – 3　多路径效应示意图

多路径效应严重损害定位的精度,严重时将引起信号的失锁,是一种重要的误差源,在利用北斗卫星导航系统进行导航定位时应尽量避免。

第5章 其他卫星导航系统

由于第一代卫星导航系统采用的是"单星、低轨、测速"体制,在导航定位应用中存在一定的缺陷和不足,世界各国纷纷开始研制采用"多星、高轨、测距"体制的第二代卫星导航系统。伴随着众多卫星定位导航系统的兴起,全球卫星导航系统有了一个全新的简称全球卫星导航系统(Global Navigation Satellite System,GNSS)。全球卫星导航系统并不是一个单一系统,是所有卫星导航系统的统称。除中国的 BDS 外,目前运行的卫星导航系统主要有美国的 GPS、俄罗斯的 GLONASS、欧盟的 Galileo、印度的 IRNSS、日本的 QZSS 等。

5.1 GPS 卫星导航系统

全球定位系统(Global Positioning System,GPS)是集定位、测速、授时于一体的多功能系统。GPS 系统于 1973 年 12 月由美国三军共同研制,于 1993 年 12 月 8 日试运行,1995 年 7 月 17 日全运行。GPS 系统由军方负责运行,是一个军用系统,兼顾民用。

5.1.1 GPS 系统组成

GPS 系统由空间星座、地面监控和用户接收机三部分组成。

1. 空间星座部分

GPS 卫星的功能为接收地面发射的指令和导航信息,生成并向地面发射导航信号。GPS 系统设计星座如图 5-1 所示,共有 24 颗卫星,其中包括 3 颗备用卫星。

卫星分布在 6 个轨道面上,每个轨道上 4 颗卫星,轨道面的倾角约为 55°,相邻轨道面的升交

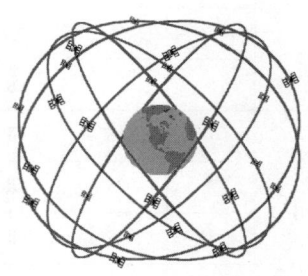

图 5-1 GPS 卫星星座分布

点的赤经相差60°(图5-2);轨道的平均高度为20200km。卫星的运行周期为11小时58分钟。

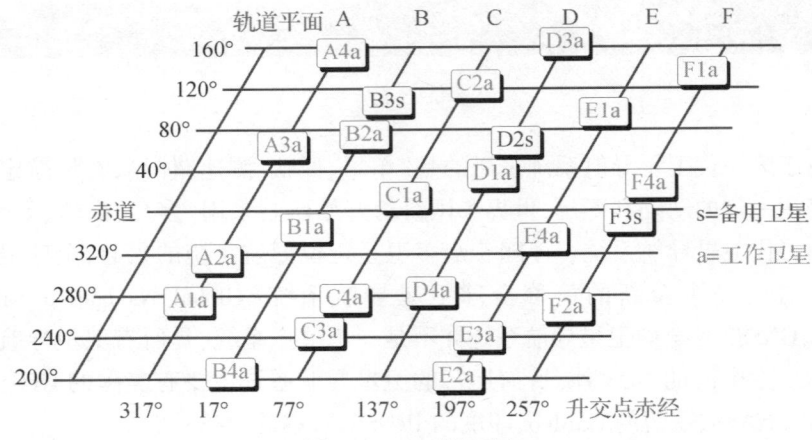

图5-2 GPS设计星座

GPS实际在轨运行的卫星数达到32颗,具体情况如表5-1所示。GPS卫星发展经历的型号包括:Block Ⅰ、Block Ⅱ、Block Ⅱ A、Block Ⅱ R、Block Ⅱ R-M、Block Ⅱ F、Block Ⅲ卫星。Block Ⅰ是实验卫星,现已停止工作;Block Ⅱ是正式工作卫星,Block Ⅱ A 增加了星间通信的能力,Block Ⅱ R 增加了星间测距设备,Block Ⅱ M 增加了军用测距信号 M 码并在 L2 上也发射了民用测距信号;Block Ⅲ 增加了星间链路,可在没有地面干预的情况下,独立工作6个月。

表5-1 GPS卫星配置表

轨道面	轨位	PRN号	卫星类型	发射时间	工作时间	工作时长/月
A	1	9	Ⅱ-A	06/26/93	20/07/93	247.1
	2	31	Ⅱ R-M	09/25/06	10/13/06	88.2
	3	8	Ⅱ-A	11/06/97	18/12/97	194.1
	4	7	Ⅱ R-M	03/15/08	03/24/08	70.8
	5	24	Ⅱ-F	10/04/12	11/14/12	15.1
B	1	16	Ⅱ-R	01/29/03	02/18/03	132
	2	25	Ⅱ-F	05/28/10	08/27/10	41.7
	3	28	Ⅱ-R	07/16/00	08/17/00	162.1
	4	12	Ⅱ R-M	11/17/06	12/13/06	86.2

续表

轨道面	轨位	PRN 号	卫星类型	发射时间	工作时间	工作时长/月
C	1	29	ⅡR-M	12/20/07	01/02/08	73.5
	2	3	Ⅱ-A	03/28/96	04/09/96	214.4
	3	19	Ⅱ-R	03/20/04	04/05/04	118.5
	4	17	ⅡR-M	09/26/05	11/13/05	99.2
	5	27	Ⅱ-F	05/15/13	06/21/13	7.9
	6	6	Ⅱ-A	03/10/94	03/28/94	238.8
D	1	2	Ⅱ-R	11/06/04	11/22/04	110.9
	2	1	Ⅱ-F	07/16/11	10/14/11	28.1
	3	21	Ⅱ-R	03/31/03	04/12/03	130.3
	4	4	Ⅱ-A	10/26/93	11/22/93	243
	5	11	Ⅱ-R	10/07/99	01/03/00	169.6
E	1	20	Ⅱ-R	05/11/00	06/01/00	164.6
	2	22	Ⅱ-R	12/21/03	01/12/04	121.2
	3	5	ⅡR-M	08/17/09	08/27/09	53.7
	4	18	Ⅱ-R	01/30/01	02/15/01	156.1
	5	32	Ⅱ-A	11/26/90	12/10/90	278.4
	6	10	Ⅱ-A	07/16/96	08/15/96	210.2
F	1	14	Ⅱ-R	11/10/00	12/10/00	158.3
	2	15	ⅡR-M	10/17/07	10/31/07	75.6
	3	13	Ⅱ-R	07/23/97	01/31/98	192.7
	4	23	Ⅱ-R	06/23/04	07/09/04	115.4
	5	26	Ⅱ-A	07/07/92	07/23/92	259

注：截至 2019 年 12 月 31 日，本表时间格式为(月/日/年)。

2. 地面监控部分

GPS 地面监控部分的主要任务是跟踪卫星用于轨道和时钟参数的确定、预测与上传,时间同步。

地面监控各部分是在主控站控制下工作的,各部分间信息流如图5－3所示。

3. 用户设备部分

用户部分的功能是接收卫星发射的导航信号,以获取必要的定位信息及观测量,经数据处理后完成定位导航工作。

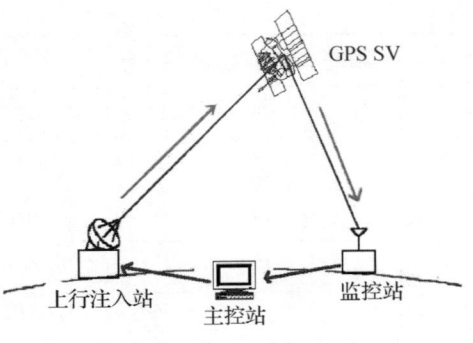

图5－3 GPS地面监控部分信息流

5.1.2 GPS的时空基准

1. GPS的时间基准

GPS建立了专用的时间系统(GPST),是整个系统的时间基准,由主控站的原子钟维持。GPS时属原子时系统,其秒长与原子时相同,无闰秒,起点为UTC时间1980年1月6日0时,表达方式为"周＋秒"。

2. GPS的空间基准

GPS采用的1984年世界大地坐标系WGS－84,根据ICD－GPS－200F对WGS－84坐标系的定义为:坐标原点位于地球质心;Z轴指向国际协议原点CIO;X轴指向WGS－84参考子午面与平均天文赤道的交点,WGS－84参考子午面平行于零子午面;Y轴与X轴、Z轴满足右手坐标系。WGS－84坐标系采用的参考椭球参数和其他参数如表5－2所示。

表5－2 WGS－84椭球的参数

序号	参数	定义
1	长半轴	$a = 6378137.0 \text{m}$
2	地心引力常数(包含大气层)	$u = 3.986004418 \times 10^{14} \text{m}^3/\text{s}^2$
3	扁率	$1/298.257223563$
4	地球自转角速度	$\dot{\Omega}_e = 7.2921150 \times 10^{-5} \text{rad/s}$

5.1.3 GPS 的信号结构

GPS 发射 L_1(1575.420MHz)、L_2(1227.600MHz) 和 L_5(1176.450MHz) 三种频率的导航信号，导航信号的频率由主控站原子钟维持的基准频率(10.23MHz)，经频率综合器产生。

GPS 信号结构如图 5-4 所示，由载波、测距码和导航电文组成。GPS 卫星在载波上调制有两种伪随机噪声测距码，即民用测距码码和军用测距码。

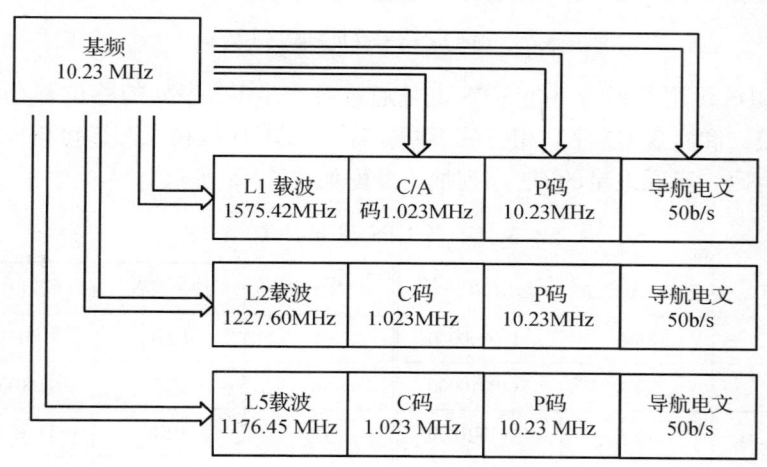

图 5-4　GPS 导航信号结构图

5.1.4 GPS 的伪随机测距码

1. 民用测距码码

GPS 采用的民用测距码有 C/A 码和 C 码，这里主要介绍应用最多、最早的 C/A 码。GPS 的民用测距码采用由带有反馈的线性移位寄存器生成的伪随机码，系统采用的伪随机测距码长度 1023 个码元、频率 1.023MHz、周期 1ms。

GPS-C/A 伪随机测距码生成器如图 5-5 所示，由 G1 和 G2 两个线性移位寄存器组成。

GPS-C/A 伪随机测距码生成器中的 G1 生成器、G2 生成器数学表达式为

$$\begin{cases} G_1(X) = 1 + X^3 + X^{10} \\ G_2(X) = 1 + X^2 + X^3 + X^6 + X^8 + X^9 + X^{10} \end{cases} \quad (5-1)$$

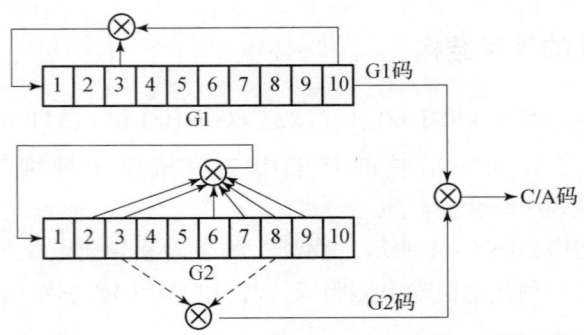

图 5-5 GPS-C/A 伪随机测距码生成器

同 BDS 民用测距码一样,GPS 也是通过对产生 G2 序列的移位寄存器不同抽头的模二和实现 G2 序列相位的不同偏移,与 G1 序列模二和后可生成不同卫星的测距码。不同卫星的 G2 序列抽头分配如表 5-3 所示。

表 5-3 不同 GPS 卫星的 C/A 码

PRN ID	抽头位置	起始 10 码元	PRN ID	抽头位置	起始 10 码元
1	2⊕6	1100100000	17	1⊕4	1001101110
2	3⊕7	1110010000	18	2⊕5	1100110111
3	4⊕8	1111001000	19	3⊕6	1110011011
4	6⊕9	1111100100	20	4⊕7	1111001101
5	1⊕9	1001011011	21	5⊕8	1111100110
6	2⊕10	1100101101	22	6⊕9	1111110011
7	1⊕8	1001011001	23	1⊕3	1000110011
8	2⊕9	1100101100	24	4⊕8	1111000110
9	3⊕10	1110010110	25	5⊕7	1111100011
10	2⊕3	1101000100	26	6⊕8	1111110001
11	3⊕4	1110100010	27	7⊕9	1111111000
12	5⊕6	1111101000	28	8⊕10	1111111100
13	6⊕7	1111110100	29	1⊕6	1001010111
14	7⊕8	1111111010	30	2⊕7	1100101011
15	8⊕9	1111111101	31	3⊕8	1110010101
16	9⊕10	1111111110	32	4⊕9	1111001010

注:每颗卫星采用不同的 C/A 码,用户按照不同的 C/A 码来识别卫星。

2. 军用测距码

军用测距码包括 P 码和 M 码，M 码尚未公布其构成。P 码是由两个码长互为质数的 M 序列组成的模二和复合码，频率为 10.23MHz，其周期约为 266 天，略多于 38 个星期。GPS 将整个 P 码分成 37 个整星期部分和 1 个非整星期部分，每颗卫星使用一个部分，也就是说各卫星将使用的是 P 码的一部分，但各不相同，也可以利用 P 码实现码分多址。

5.1.5 GPS 的导航电文

GPS 导航电文调制于载波上，其主要作用是向用户提供诸如卫星在观测瞬间的位置和卫星钟的钟差等信息，用户应用这些信息用于导航解算，GPS 导航电文基本特点如表 5-4 所示。GPS 导航电文有 NAV、CNAV 和 CNAV2 三种，这里介绍最先播发也是应用最广泛的 NAV 导航电文。

表 5-4 GPS 导航电文基本特点

播发内容	导航系统 GPS		
	NAV	CNAV	CNAV2
全部星历	750s	无固定时间	无固定时间
基本星历	30s	48s	8s
星历更新周期	1h	2h	2h
校验方法	奇偶	CRC + FEC	BCH + LDPC
播发速率/(b/s)	50	25	50
电文播发顺序	固定	根据实际情况播发	根据实际情况播发
加载频率	L1	L2C、L5C	L1C

NAV 导航电文包括卫星的卫星轨道、钟差、大气的折射影响以及由 C/A 码捕获 P 码的信息等导航信息以及卫星的工作状态等信息。这些信息以每秒 50bit 的数据流形式调制在载波上。

1. 导航电文的格式

导航电文是二进制文件，GPS 导航电文如图 5-6 所示，它是按一定格式组成数据帧（Data Frame），并按帧向外播送。每一数据帧包含 5 个子帧（Subframe），每个子帧长 300 位，其中前 3 个子帧不分页，后 2 个子帧分成 25 个页面，25 帧电文组成 1 个超帧。完整的导航信息由 25 帧数据组成，全部播完需用 12.5min。

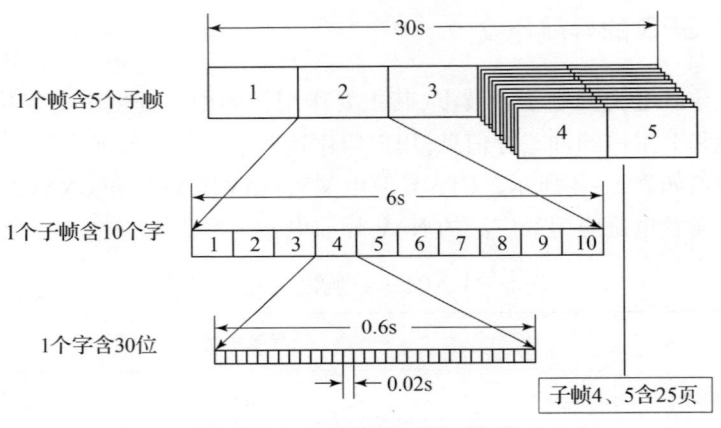

图 5-6 GPS 导航电文的组成格式

每个子帧含有 10 个字（Word），每字 30bit，其中最后 6bit 是奇偶校验位（Check Bits），用以检查传递数据是否出错，并能纠正错误，故又称纠错码。

2. 导航电文的内容

每帧导航电文中，各子帧的主要内容如图 5-7 所示。

第1子帧	TLM	HOW	数据块-Ⅰ 卫星钟修正参数等
第2子帧	TLM	HOW	数据块-Ⅱ 星历表(1)
第3子帧	TLM	HOW	数据块-Ⅱ 星历表(2)
第4子帧	TLM	HOW	数据块-Ⅲ 卫星星历等(1)
第5子帧	TLM	HOW	数据块-Ⅲ 卫星星历等(2)

图 5-7 GPS 导航电文内容

第 1 子帧称为数据块 – Ⅰ，主要内容为：卫星钟改正参数及其数据龄期、星期计数、电离层改正参数和卫星工作状态等信息。

第 2 子帧和第 3 子帧称为数据块 – Ⅱ，主要向用户提供有关计算卫星位置的参数。该数据块一般称作卫星星历（Ephemeris）。其中包括轨道参数、轨道参数变化率和卫星摄动的参数等。

第 4 子帧和第 5 子帧称为数据块 – Ⅲ，由于提供的信息较多，数据块 – Ⅲ 由 25 页组成，第 4 和第 5 两个子帧每个页面提供不同的信息，主要提供所有卫星的历书数据（Almanac）、卫星健康状态和电离层模型等。

第 5 子帧的 1~24 页面和第 4 子帧 2~5、7~10 页面提供多达 32 颗卫星的历书。历书数据提供了一组截短的、降低了精度的星历参数和卫星钟差参数。历书数据用来选择卫星，它又用作捕获的手段；历书还能用来提供近似的多普勒和延迟信息。地面控制中心至多 6 天更新 1 次卫星的历书数据。否则，卫星历书的精度将随时间降低。历书数据与第 2、3 子帧提供的详细星历信息相比，历书数据的精度要低得多。

GPS 系统发播的星历、历书、卫星钟参数、电离层参数，以及计算方法，与 BDS 系统的 MEO 算法相同。

5.1.6　GPS 的服务

GPS 的优良性能被誉为是一场导航定位领域的革命，美国前副总统戈尔曾说过"其应用前景仅受人们想象力的限制"。美国从自身的安全利益出发，限制非特许用户利用 GPS 定位精度，制定了 GPS 服务的策略和内容。

GPS 服务内容包括对不同用户提供不同的服务方式、精度和访问限制两大类。

1. 对不同的 GPS 用户提供不同的服务方式

GPS 系统在信号设计方面就区分了两种精度不同的定位服务方式，即标准定位服务方式（Standard Position Service，SPS）和精密定位服务方式（Precise Position Service，PPS）。

1）标准定位服务

标准定位服务对象是非经美国政府特许的广大用户，用户通过 C/A 码和导航电文，进行定位测量。标准定位服务在全球范围内对各种用户免费连续提供服务。根据 Department of Defense（2001）采用的标准，在置信水平 95% 的条件下定位和授时服务精度如表 5 – 5 所示。

表 5 – 5　标准定位和授时服务精度

服务标准	服务的条件和限制
全球平均定位精度： 　　水平误差≤13m 　　垂直误差≤22m	24h 观测，所有点平均，所有可见卫星
最差定位精度： 　　水平误差≤36m 　　垂直误差≤77m	24h 观测，任意点所有可见卫星
时间传递精度： 　　时间传递误差≤40ns	24h 观测，所有点平均

实际情况下，标准定位服务的性能比规范好得多，水平误差约为 7m，垂直误差约为 10m。

2）精密定位服务

精密定位服务用户可以采用 P 码、C/A 码、消除 SA 影响的密匙和导航电文，进行定位测量。精密定位服务严格限于美国军方、美国联邦机构，以及经选择的盟军军方或盟军政府使用。单纯采用水平和垂直误差来评定精密定位服务性能是不科学的，为了不歪曲结果，应考虑更多方面的因素。如果不采用选择可用性等降低标准定位服务的精度，认为提供给精密定位服务用户的精度与标准定位服务用户的精度相当。

2. 精度和访问限制

美国政府采用选择可用性和反电子欺骗技术限制和阻止民用用户完全使用 GPS 系统。

1）选择可用性

选择可用性政策（Selective Aviliablity，SA）是针对标准定位服务（SPS）实施干扰，进一步降低标准定位服务方式的定位精度，以保障美国政府的利益与安全。对标准定位服务的卫星信号实施 δ 技术和 ε 技术的人为干扰。

δ 技术——将基本频信号加入高频抖动信号，使导航信号载波频率不稳定。

ε 技术——将广播星历的卫星轨道参数加入误差，进而降低定位精度。

在 SA 政策的影响下，SPS 服务的垂直定位精度降为 ±150m，水平定位精度降为100m。对于使用精密定位服务(PPS)的特许用户,则可以通过密匙消除SA影响。SA 政策于 1991 年 7 月 1 日实施,因影响美国商业利益,于 2000 年 5月 2 日暂时关闭,SA 政策关闭前后标准定位服务精度变化如图 5-8 所示。美国政府保留随时开启 SA 的权利。

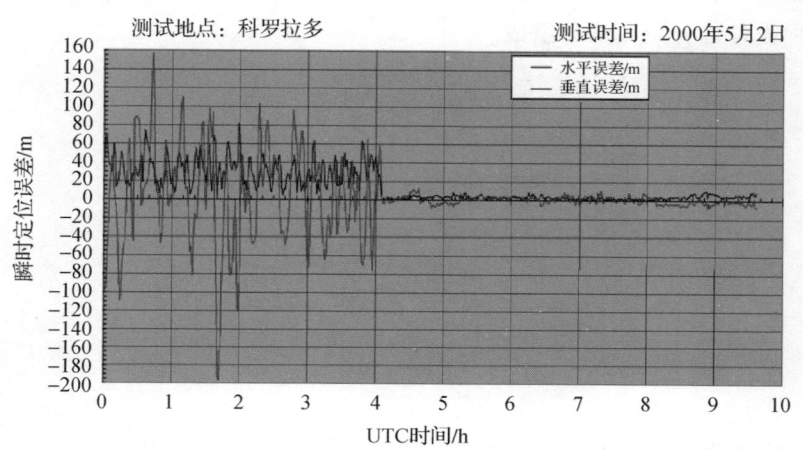

图 5-8　SA 政策关闭前后标准定位服务精度变化情况图

2)反电子欺骗技术

反电子欺骗政策(Anti-Sproof,AS)是指 P 码的加密措施。尽管 P 码的码长为 2.35×10^{14} bit,破译困难。美国军方仍担心 P 码被破译,在战时敌方会利用 P 码产生一个错误的导航信息,诱骗特许用户 GPS 接收机。为了防止这种电子欺骗,美国军方将在必要时引入机密码(W 码),并通过 P 码与 W 码的模二相加转换为 Y 码,即对 P 码实施加密保护:$P \oplus W = Y$。由于 W 码对非特许用户是严格保密的,所以非特许用户将无法应用破密的 P 码进行精密定位和实施上述电子欺骗。

5.2　GLONASS 卫星导航系统

20 世纪 70 年代中期开始,苏联在奇卡达(Tsikada)的基础上启动了全球导航卫星系统(GLobal Orbiting NAvigation Satellite System,GLONASS)的开发。GLONASS 系统由军方负责运行的导航系统,1982 年 10 月 12 日苏联首次发射 GLONASS 卫星,1995 年底俄罗斯完成了 23 颗卫星加 1 颗备用卫星的星座的布局。苏联解体后由俄罗斯负责 GLONASS 系统的运行。1996 年 1 月 18 日,俄罗斯政府宣布系统正式投入使用。

GLONASS 系统为用户提供全球、全天候、实时的定位、测速和授时服务。

5.2.1 GLONASS 系统组成

GLONASS 系统的基本结构如图 5-9 所示，由空间星座部分、地面控制部分、用户设备部分三大部分组成。

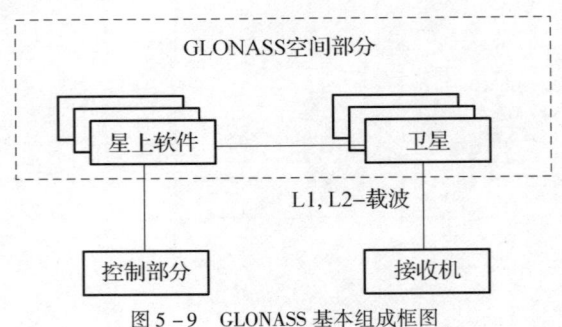

图 5-9 GLONASS 基本组成框图

1. 空间星座部分

GLONASS 系统的空间星座如图 5-10 所示，由 24 颗卫星组成，其中 21 颗为工作卫星，3 颗为备用卫星。

GLONASS 卫星分布如图 5-11 所示，在 3 个等间隔的椭圆轨道面内，卫星轨道面倾角为 64.8°，每个轨道面上平均分布有 8 颗卫星（即在轨道平面上，卫星之间的纬度相差 45°），两个轨道平面之间的卫星的纬度相差 15°。卫星平均高度为 19100km，运行周期为 11 小时 15 分 44 秒。在星座完整的情况下，在全球任何地方、任意时刻最少可以观测 5 颗 GLONASS 卫星。与 GPS 卫星相比，GLONASS 卫星的轨道倾角较大，因此在高纬度地区的覆盖性较好。

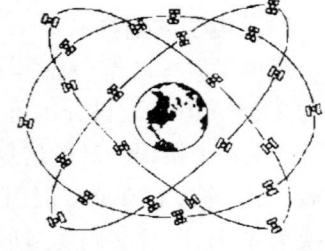

图 5-10 GLONASS 卫星星座图

GLONASS 卫星具有不同的型号，包括 GLONASS、GLONASS-M、GLONASS-K 和 GLONASS-KM 卫星，这些卫星的主要差别是设计寿命。

GLONASS 卫星上装有计算机、精密原子钟和导航单元。计算机将接收到的从地面控制站发来的专用信息进行处理后，生成向用户播发的导航电文。原子钟用于产生卫星上高稳定性时标，实现星载设备同步，并在计算机的控制性生成导航信号。导航单元用于生成导航信号。

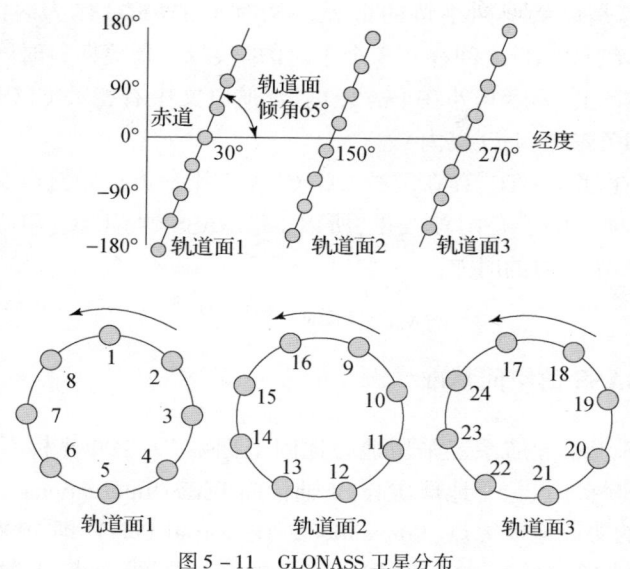

图 5-11 GLONASS 卫星分布

2. 地面监控部分

地面监控部分包括 1 个系统控制中心和 4 个遥测、跟踪和控制站。

系统控制中心由俄罗斯空军控制,位于莫斯科西南的克拉斯诺兹纳缅斯克太空中心,GLONASS 系统所有的功能和操控均由系统控制中心计划和协调。系统控制中心主要功能是收集和处理指令跟踪站采集的数据,计算 GLONASS 卫星状态、轨道参数、时间参数等信息,最后经上行链路传输到卫星上。

4 个遥测、跟踪和控制站位于俄罗斯境内的圣彼得堡市、莫斯科市、西伯利亚和远东。每个指令跟踪站内都有高精度原子钟和激光测距装置,它的主要功能是跟踪观测 GLONASS 卫星,进行测距数据采集和监测。

3. 用户设备部分

用户部分的主要功能是接收、处理卫星信号,为用户提供位置、速度和时间等数据。

5.2.2 GLONASS 的时空基准

1. GLONASS 的时间基准

GLONASS 时间(GLONASST)是整个系统的时间基准,它属于协调世界时

(UTC)系统,但是以俄罗斯维持的世界协调时 UTC(SU)作为时间度量基准。GLONASST 与 UTC(SU)之间存在 3 个小时的整数差(即莫斯科时间与格林尼治时区差),在整秒上,两者相差在 1ms 以内,导航电文中有相关 GLONASS 时间与 UTC(SU)的相关参数(1μs 以内)。

GLONASST 属于 UTC,存在闰秒。GLONASS 用户可从导航电文中获取闰秒出现的时刻日期。由于有闰秒改正,所以 GLONASST 与 UTC(SU)不存在整秒差,但是存在 3 个小时的时差。

$$t_{\text{GLONASS}} = t_{\text{UTC(SU)}} + 03^h 00^m \tag{5-2}$$

2. GLONASS 的空间基准

GLONASS 卫星导航系统采用地心地固坐标系 PZ-90 坐标系。PZ-90 坐标系定义为:坐标原点位于地球质心;Z 轴指向 IERS(International Earth Rotation Service)推荐的协议地极原点(Conventional Terrestrial Pole),即 1900—1905 年的平均北极;X 轴指向地球赤道与 BIH 定义的零子午线交点;Y 轴满足右手坐标系。

由该定义可以看出,PZ-90 坐标系与国际地球参考框架 ITRF 一致。PZ-90 坐标系采用的参考椭球参数和其他参数如表 5-6 所示。

表 5-6 PZ-90 椭球的参数

序号	参 数	定 义
1	长半轴	$a = 6378136.0$m
2	地心引力常数(包含大气层)	$u = 3.9860044 \times 10^{14} \text{m}^3/\text{s}^2$
3	扁率	1/298.257839303
4	地球自转角速度	$\dot{\Omega}_e = 7.2921150 \times 10^{-5}$ rad/s

5.2.3 GLONASS 的信号结构

1. 导航信号的基本组成

GLONASS 卫星发播 L1、L2 两种频率的载波信号,在载波上调制用于测距的伪随机码、辅助随机序列和导航电文。L1 载波上调制的信号有:伪随机测距码(C/A、P 码)、导航电文、辅助随机序列;L2 载波上调制的信号有:伪随机测距码(P 码)、辅助随机序列。GLONASS-M 卫星还计划在 L2 上也调制 C/A 码、增加导航电文,以提高民用导航精度。

2. GLONASS 卫星的载波频率

与 BDS 和 GPS 采用码分多址(CDMA)识别卫星的方式不同,GLONASS 采用频分多址(Frequency Division Multiple Access,FDMA)方式,每颗 GLONASS 卫星发播的导航信号载波频率是不相同的。FDMA 方式使得 GLONASS 卫星占用频段较宽,24 颗卫星的 L1 频道占用约 14MHz,L2 频道占用约 13MHz。

按照系统的初始设计,每个 GLONASS 卫星的 L1、L2 和载波频率设计如下:

$$\begin{cases} f_{K1} = f_{01} + K \cdot \Delta f_1 \\ f_{K2} = f_{02} + K \cdot \Delta f_2 \end{cases} \tag{5-3}$$

式中:$f_{01} = 1602\text{MHz}$;$f_{02} = 1246\text{MHz}$;$\Delta f_{01} = 562.5\text{kHz}$;$\Delta f_{02} = 437.5\text{kHz}$;$K$ 为 GLONASS 频率号(频率通道号),每颗卫星的通道号通过导航电文播发。

为了降低信号带宽,减少频率通道数,GLONASS 计划在一个轨道面上位于相对位置的两颗卫星使用同一个载波频率,这样卫星载波频率通道数就大大减少。L1、L2 载波新的设计频率如表 5-7 所示。

表 5-7 GLONASS 卫星的载波设计频率

通道号	L1 频率/MHz	L2 频率/MHz	通道号	L1 频率/MHz	L2 频率/MHz
06	1605.375	1248.625	-01	1601.4375	1245.5625
05	1604.8125	1248.1875	-02	1600.8750	1245.1250
04	1604.25	1247.75	-03	1600.3125	1244.6875
03	1603.6875	1247.3125	-04	1599.7500	1244.2500
02	1603.125	1246.875	-05	1599.1875	1243.8125
01	1602.5625	1246.4375	-06	1598.6250	1243.3750
00	1602.0	1246.0	-07	1598.0625	1242.9375

5.2.4 GLONASS 的伪随机测距码

由于采用了频分多址的方式识别卫星,所有卫星的伪随机码可以完全相同。GLONASS 提供分别为用于标准精度通道服务 CSA 的标准精度测距伪随机码(C/A 码)和用于高精度通道服务 CHA 的高精度测距伪随机码(P 码)。

GLONASS 标准定位服务信号 C/A 码由 511 个码元组成,码频率为 0.511MHz,周期 1ms。GLONASS 高精度定位服务信号 P 码由 5.11×10^6 个码元组成,码频率 5.11MHz,周期 1s,P 码用一种特殊的码进行加密,只能用于俄罗斯军方授权的用户。

5.2.5 GLONASS 的导航电文

GLONASS 卫星发射的导航信号中含有导航电文,导航电文为用户提供有关卫星的星历、卫星工作状态、时间系统、卫星历书等数据,是利用卫星进行导航的数据基础。

GLONASS 导航电文所含数据可分为实时数据和非实时数据两类。实时数据是与发射该导航电文的 GLONASS 卫星相关的星历数据,包括卫星钟面时、钟面时与系统时的差值、实际载波频率与设计值的相对偏差、星历参数等。非实时数据为整个卫星导航系统的历书数据,包括所有卫星的状态数据、卫星钟面时相对于 GLONASS 时间系统的近似改正数、卫星的轨道参数、GLONASS 时间相对于 UTC 的改正数等。

1. GLONASS 导航电文基本结构

完整的 GLONASS 导航电文导航电文如图 5-12 所示,由 1 个超帧(Superframe)组成,超帧由 5 个帧(Frame)组成,每个帧又由 15 个串(String)组成,每个串含有 100bit 数据。

GLONASS 导航电文播送速度为 50b/s,发播一个超帧电文需要 2.5min,每帧长 30s,每串长 2s,每个串以串编号开始,以校验字"KX"和时间标记"MB"结尾。每个超帧内含有 24 颗 GLONASS 卫星历书的全部内容。

2. 帧的结构

每个帧传送发射该导航电文的 GLONASS 卫星的部分实时数据和给定卫星的全部非实时数据,第 1~5 串含有发送该导航电文卫星的实时数据,第 6~15 串含有卫星的非实时数据。

3. 串的结构

串结构如图 5-13 所示,每个串包含数据位和时间标记两大部分。一个串长 2s,在前 1.7s 传输 85 个数据位,在最后的 0.3s 传输时间标记,时间标记由 30 个码元组成。

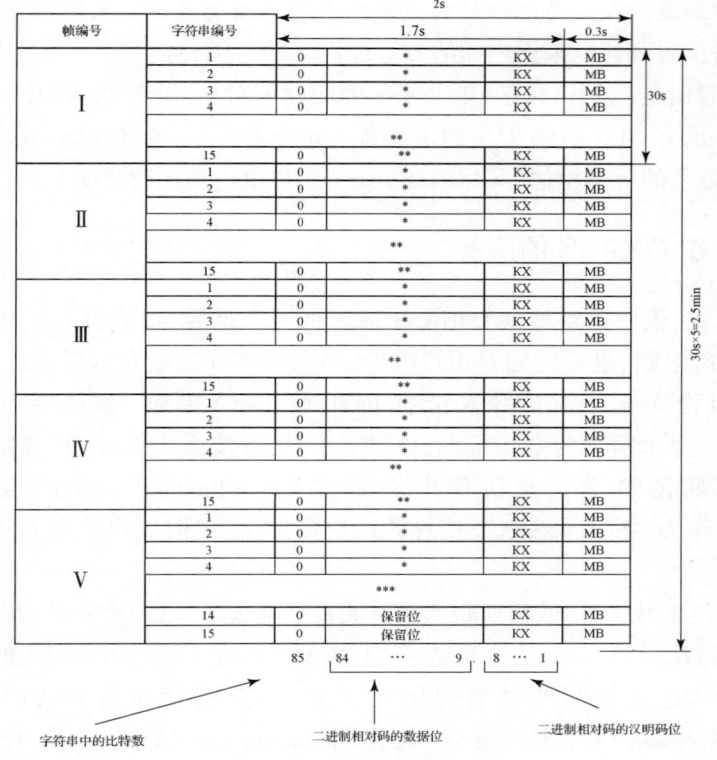

图 5-12 超帧的基本结构

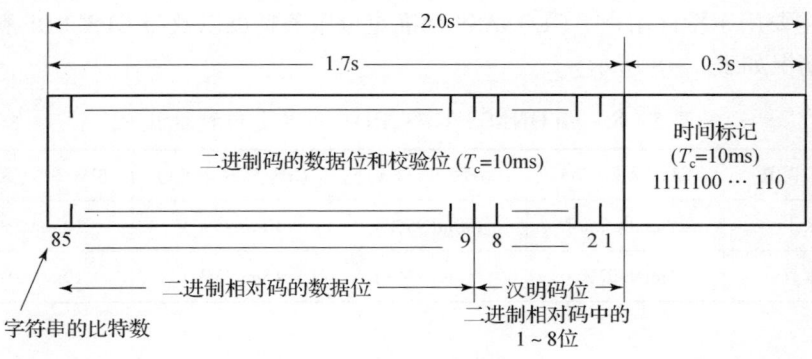

图 5-13 串结构

数据串中第 1~8 位是汉明码检校码(KX),第 9~84 位是星历数据,第 85 位是空闲位"0",相邻串之间利用时间标记 MB(Time Mark)进行隔离。

4. 实时数据和非实时数据

与 BDS、GPS 不同,GLONASS 系统描述卫星位置采用的是参考时刻的三维位置、三维速度以及只考虑日月引力条件下的三维加速度。实时数据采样间隔0.5h,瞬时位置和速度采用内插的方法计算。

非实时信息(历书)包括 GLONASS 系统时间数据、所有 GLONASS 卫星的钟面时数据、所有 GLONASS 卫星的轨道参数和健康状态。GLONASS 历书与 BDS、GPS 卫星发射的历书相似。GLONASS 系统不提供电离层改正模型。

5.2.6 GLONASS 的服务

1991年,俄罗斯宣称:GLONASS 系统可用于世界范围的国防、民间使用,不附加任何限制,也不计划对用户收费,该系统将在完全布满星座后遵守已公布的性能稳定运行,不引入选择可用性(SA)措施。定位精度为20m(99.7%),测速精度为0.15m/s(99.7%),授时精度为1μs(99.7%)。俄罗斯空间部队的科学信息协作中心 CSIC(Coordination Scientific Information Center)已作为 GLONASS 状态信息的用户接口,正式向用户公布 GLONASS 咨询通告。

1995年3月7日,俄罗斯联邦政府颁布了第237号法令"有关 GLONASS 面向民用的行动指南"。此法令确认了 GLONASS 系统由民间用户使用的可能性。

GLONASS 提供两种类型的导航服务:标准精度通道 CSA(Channel of Standard Accuracy)和高精度通道 CHA(Channel of High Accuracy)。CSA 类似于 GPS 的标准定位服务 SPS,主要用于民用。CHA 类似于 GPS 的精密定位服务 PPS,主要用于特许用户。GLONASS 标准定位服务精度以及与 GPS、BDS 精度的对比情况如表5-8所示。

表5-8 GLONASS、GPS、BDS 标准定位精度比较

定位误差	GLONASS/CSA	GPS/SPS(SA)	GPS/SPS(无SA)	BDS/SPS(无SA)
水平	20m(99.7%)	100m(95%)	10m(95%)	10m(95%)
垂直	15m(99.7%)	159m(95%)	15m(95%)	10m(95%)

5.3 Galileo 卫星导航系统

伽利略卫星导航系统(Galileo Navigation Satellite System,Galileo)是欧盟设计、建设的卫星导航系统。Galileo 向全球提供高精度民用导航服务,该系统能够与美国的 GPS、俄罗斯的 GLONASS 系统、中国的 BDS 相互兼容。Galileo 系统

与全球海洋灾难与安全系统(COSPAS-SARSAT)兼容,提供搜救服务。

5.3.1 Galileo 系统组成

Galileo 系统由全球设备、局域设施、区域设施、服务中心以及用户部分等构成,系统各部分组成及信息流如图 5-14 所示。

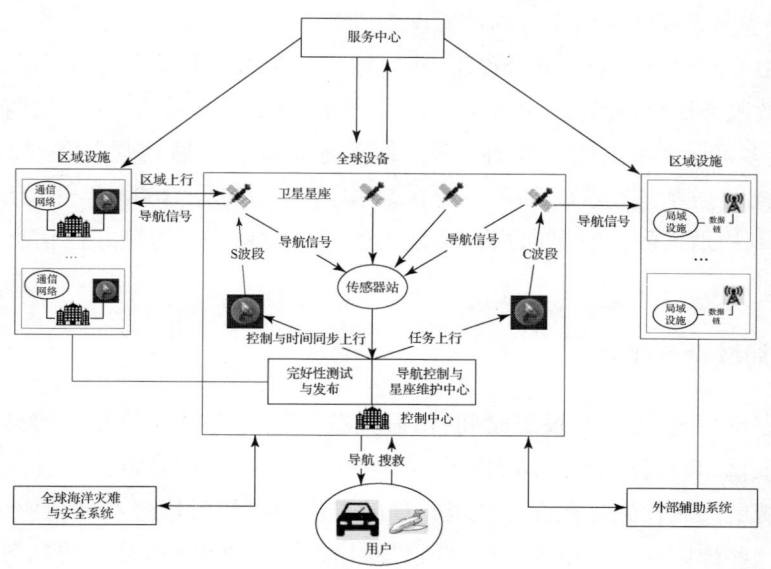

图 5-14 Galileo 系统结构

1. 全球设备部分

Galileo 系统的全球设备部分是系统的核心,分为空间部分和地面控制部分。

1)卫星星座部分

Galileo 系统的卫星星座由 30 颗中圆轨道卫星构成,其中 27 颗工作卫星、3 颗备用卫星,平均分布在三个轨道面上,轨道高度 29600km,轨道面倾角 56°。Galileo 卫星星座可以保证在地球任何地点至少观测到 6 颗卫星。

2)地面控制部分

Galileo 系统地面部分的主要任务是承担卫星的导航控制和星座管理,为用户提供系统完好性数据的检测结果,保障用户安全、可靠地使用 Galileo 系统提供的全部服务。

Galileo 系统的地面控制部分主要包括 2 个位于欧洲的控制中心、5 个遥测、跟踪与控制站,9个C波段上行站,以及40个分布于全球的地面跟踪站。Galileo系统是全球卫星导航系统,地面控制部分和完好性监测在全球分布。

2. 区域设备部分

Galileo系统的区域设施主要是为了实现卫星导航系统的增强和完好性监测,在某些国家或区域内布设的地面设施。其主要任务是,通过完好性上行数据链或经由全球设备的地面部分设施,将区域完好性数据上行传送到卫星,其中也包括搜救服务提供的数据。Galileo系统是全球卫星导航系统,完好性监测遍布全球,最多可设8个区域性地面设施。欧洲地球同步导航增强服务(EGNOS),即是区域增强系统,是Galileo系统区域构成的一部分,2004年开始试运行。EGNOS利用地球静止卫星向用户播发GPS和GLONASS的完好性信息与差分校正信息。

3. 局域设备部分

对定位精度、完好性报警时间、信号捕获等性能有更高的要求的局部地区(如机场、港口、铁路、公路及市区等)的用户,布设局域设备可以提高其服务水平。系统的局域设施是在服务区域布设的卫星导航信号增强和增值服务设施,以满足这些地区对定位精度、完好性报警时间、信号捕获等性能有更高要求的用户。局域设施将为用户提供差分校正信息、完好性报警(≤1s)信息、导航信息、位置信号不良地区(如地下停车场)的增强定位信号、商业数据(差分校正量、地图和数据库)、附加导航信息(伪卫星)以及移动通信信道等。

4. 服务中心部分

服务中心提供Galileo系统用户与增值服务供应商(包括局域增值服务商)之间的接口,为增值用户提供服务。根据各种导航、定位和授时服务的需要,服务中心能提供服务包括性能保证信息或数据登录、保险/债务/法律和诉讼业务管理、合格证和许可证信息管理以及支持开发应用与研发方法。

5. 用户设备部分

用户设备主要就是用户接收机,是多用途、兼容性接收机。Galileo系统用户主要由导航定位模块和通信模块组成,包括用于飞机、舰船、车辆等载体的各种用户接收机。

5.3.2 Galileo 的时空基准

1. Galileo 的时间基准

Galileo 系统时间（GST）是一个连续的原子时系统，无闰秒，起点为 UTC 的 1999 年 8 月 21 日 23 时 59 分 47 秒，表达方式为"周 + 秒"。

Galileo 系统的时间相对国际原子时而言是一连续的坐标时间轴，它们之间将有小于 30ns 的偏移。GST 相对 TAI 的偏移，在一年 95% 的时间内限制在 50ns。GST 与 TAI、GST、BDT 和 UTC 之差通过导航电文向用户播发。

2. Galileo 的空间基准

Galileo 系统的空间基准是伽利略地面参考框架（Galileo Terrestrial Reference Frame，GTRF），GTRF 是国际地球旋转服务中心局（IERS）建立的国际大地参考系（ITRF）的一个实际的、独立的应用。GTRF 声称与最新的 ITRF 的符合精度不超过 ±0.03m（2σ）。

5.3.3 Galileo 的信号结构

Galileo 系统的卫星信号频率和信号结构设计由欧盟的 Galileo 信号特别研究小组（STF）负责。Galileo 卫星向用户发播 E1 – E2、E5 和 E6 频率的载波信号如图 5 – 15 所示。

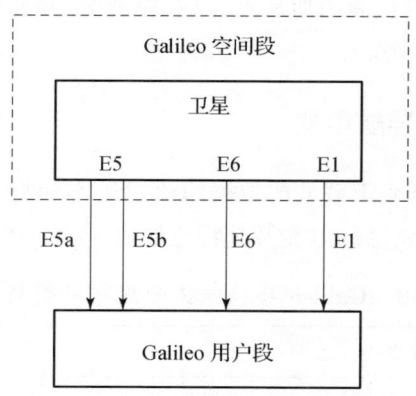

图 5 – 15 Galileo 系统卫星与用户接口

Galileo 和 GPS 的频段划分如图 5 – 16 和表 5 – 9 所示，图中 SAR 为搜救信号。

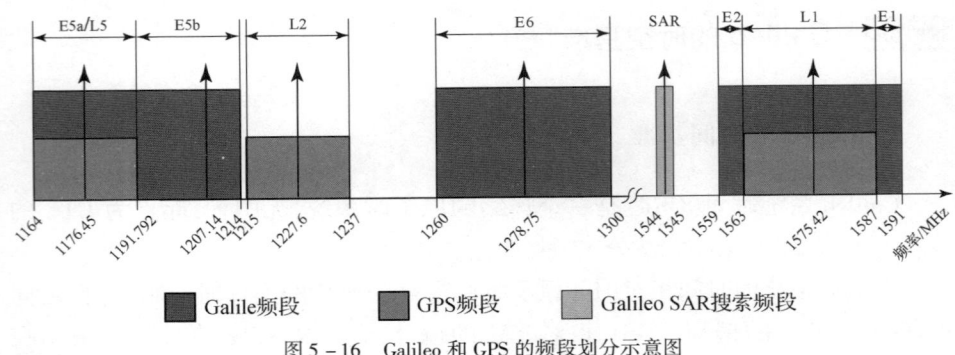

图 5-16 Galileo 和 GPS 的频段划分示意图

表 5-9 Galileo 系统的载波频率

载 波	中心频率/MHz
E5a(L5)	1176.450
E5b	1207.140
E6	1278.750
E1-L1-E2	1575.420

注：E1-L1-E2 置于 L1 的上下边带以外，相当于 L1±14×1.023MHz。

5.3.4 Galileo 的伪随机测距码

Galileo 系统定义了三种不同的测距码以满足系统服务的需求，即自由访问测距码（未加密、公开的）、商用加密码、政府加密测距码。各个卫星采用码分多址（CDMA）方式进行识别。

5.3.5 Galileo 的导航电文

Galileo 卫星在不同频率载波的数据信道发送不同类型的电文，根据提供服务的不同，在各频点上发播的电文及其特点如表 5-10 和表 5-11 所示。

表 5-10 Galileo 导航电文分配和一般数据内容

信息类型	服务类型	频 率	电文内容
F/NAV	公开服务	E5aI	自由存取导航电文类型
I/NAV	公开/商业/生命救援服务	E5bI/E1b	完整导航电文
C/NAV	商业服务	E6b	商业服务导航电文，未公开

表 5-11　Galileo 导航电文基本特点

播发内容	导航系统 Galileo	
	F/NAV	I/NAV
全部星历	1200s	720s
基本星历	50s	30s
星历更新周期	1h	1h
校验方法	CRC + FEC	CRC + FEC
播发速率	50	250
电文播发顺序	固定	固定
加载频率	E5a	E5b、E1b

5.3.6　Galileo 的服务

Galileo 系统提供的服务包括导航服务和非导航服务两大类。

1. Galileo 导航服务

Galileo 提供的导航服务包括公开服务、商业服务、公共特许服务、生命安全服务和增强服务等，各类服务的性能需求见表 5-12。欧盟委员会和欧洲航天局表示，系统布设完成后将向全球提供定位精度在 1~2m 的免费服务和 1m 以内的付费服务。

表 5-12　Galileo 性能服务需求

服务的种类		公开服务	商业服务	生命安全服务	公共特许服务
覆盖范围		全球	全球	全球	全球
精度	单频	15m/24m(H);35m(V)			15m/24m(H);35m(V)
	双频	4m(H);8m(V)	4m(H);8m(V)		6.5m(H);12m(V)
授时精度(95%)		30ns	30ns	30ns	30ns
完好性	预警门限	—	—	12m(H);20m(V)	20m(H);25m(V)
	预警时间	—	—	6s	6s
	完备性风险	—	—	$3.5 \times 10^{-7}/150s$	$3.5 \times 10^{-7}/150s$

续表

服务的种类	公开服务	商业服务	生命安全服务	公共特许服务
连续性风险	—	—	$10^{-5}/15s$	$10^{-5}/15s$
服务可用性	99.5%	99.5%	99.5%	99.5%
访问控制	自由访问	测距码导航电文	导航电文中的完备性信息	测距码导航电文
确认和服务保证	—	可能提供服务保证	确认和服务保证	信任授权和服务保证

1) 公开服务

公开服务（Open Service, OS）是指为全球用户提供免费的定位、导航和授时服务。因为不包括完好性信息，所以系统不提供服务保证与可靠性保障，接收机需要通过接收机自主完好性监测（RAIM）技术计算完好性信息。

2) 商业服务

商业服务（Commercial Service, CS）是专门设计的可产生收益的服务，需要将加密的商业服务数据发送给用户。商业服务是相对公开服务的一种增值服务，具备加密导航数据的鉴别功能，为定位、导航和授时专业应用提供有保证的服务。

3) 公共特许服务

公共特许服务（Public Regulated Service, PRS）是为欧盟成员国安全部门设置的，其主要目的是提供一个连续、稳健和加密的信号，即使在危机的情况下，其他服务无效、获知人为堵塞时该信号依然可用。公共特许服务以专用的频率向欧共体提供更广泛的连续性服务，比其卫星信号更为可靠，并受成员国控制，成员国采取准入控制技术对用户进行授权。

4) 生命安全服务

生命安全服务（Safety of Life Service, SoLS）加载于公开服务使用相同的信号，但额外增加了全球完好性信号，以便提供用户服务保证。它的性能与国际民航组织（ICAO）要求的标准和其他交通模式（地面、铁路、海洋）相兼容。Galileo的这种服务将能满足更高的要求。

5) 增强服务

增强服务（Augmented Service, AS）是在区域构成和本地构成（即增强系统）支持下的差分或广域差分服务，即能对单频用户提供差分修正，使其定位精度优于1m，利用载波辅助定位技术可使用户定位的偏差在0.1m以内；公开服务提供的导航信号,能增强无线电定位网络在恶劣条件下的服务。

2. GALILEO 非导航服务

除导航服务外,Galileo 将提供搜救服务。Galileo 搜救服务如图 5 – 17 所示,是在现有的搜救服务（全球海洋灾难与安全系统:COSPAS – SARSAT）的基础上,改进搜救信号的侦察时间和位置精度,并对接受灾难信息的用户提供救援服务。

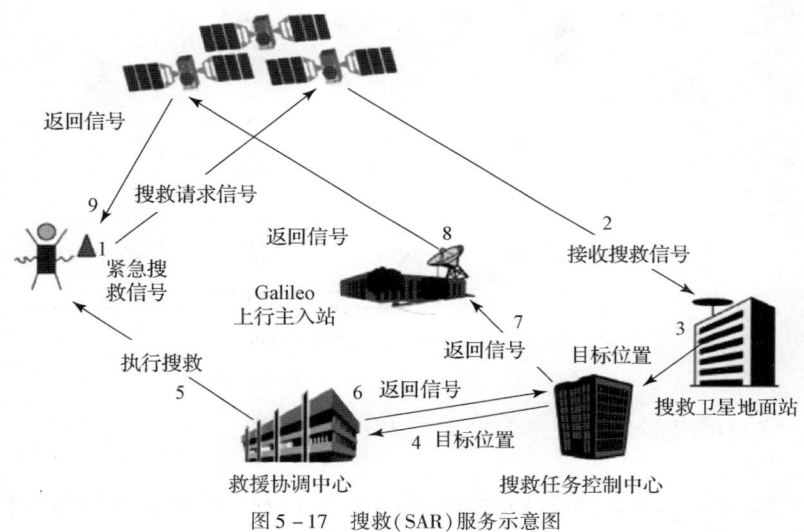

图 5 – 17 搜救(SAR)服务示意图

5.4 IRNSS 系统

印度于 2012 年底开始建设区域导航卫星系统(Indian Regional Navigation Satellite System,IRNSS),并公布了空间信号接口控制文档。印度区域导航卫星系统是一个独立的、由印度空间研究组织(Indian Space Research Organization,ISRO)建立和控制的印度本土卫星导航系统。

5.4.1 IRNSS 系统组成

印度区域导航卫星系统构成如图 5 – 18 所示,包括空间星座、地面控制和用户三部分组成。

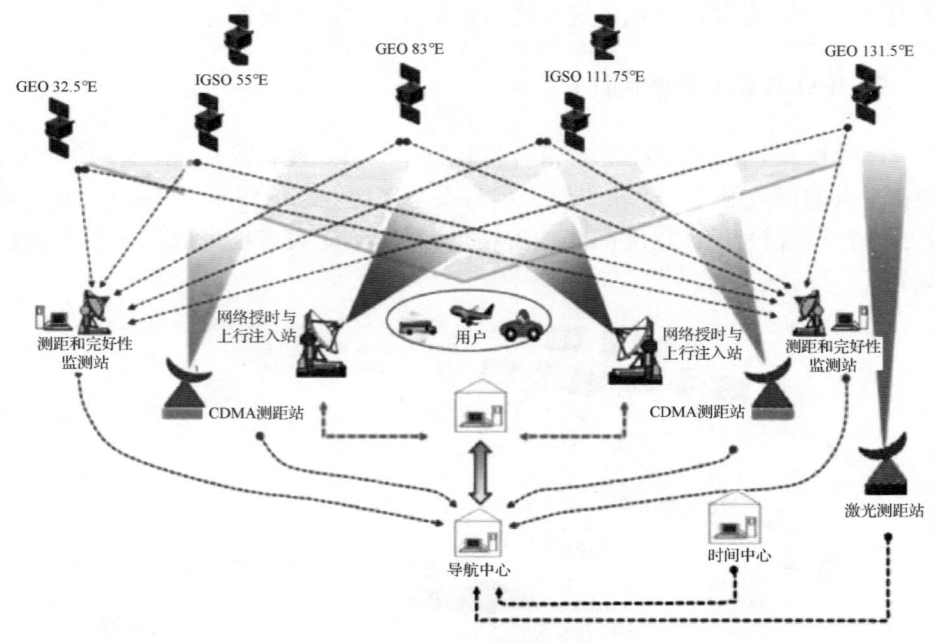

图 5-18 IRNSS 系统组成结构图

1. 空间星座部分

IRNSS 空间设计星座(NAVigation with Indian Constellation,NAVIC)由最少 7 颗卫星构成,包含 3 颗 GEO 卫星和 4 颗 IGSO 卫星。3 颗 GEO 卫星分别位于东经 32.5°、83°和 131.5°;4 颗 IGSO 卫星位于东经 55°和 111.75°两个倾斜轨道面上,每个轨道面上两颗卫星。

从 2013 年 7 月 1 日开始,ISRO 开始发射 IRNSS 卫星,截至目前共有 9 颗卫星,编号从 A 到 I,具体情况如表 5-13 所示。

表 5-13 IRNSS 当前卫星的情况

卫星	发射时间	轨道	轨位	轨道倾角	状态	说明
IRNSS-1A	2013/7/1	IGSO	55°E	29°	在轨失效	卫星钟失效
IRNSS-1B	2014/4/4	IGSO	55°E	29°	—	—
IRNSS-1C	2014/10/6	GEO	83°E	5°	—	—
IRNSS-1D	2015/3/28	IGSO	111.75°E	31°	—	—
IRNSS-1E	2016/1/20	IGSO	111.75°E	29°	—	—

续表

卫星	发射时间	轨道	轨位	轨道倾角	状态	说明
IRNSS-1F	2016/3/10	GEO	32.5°E	5°	—	—
IRNSS-1G	2016/4/28	GEO	129.5°E	5.1°	—	—
IRNSS-1H	2017/8/31	IGSO	—	—	失效	发射失败
IRNSS-1I	2018/4/12	IGSO	55°E	29°		

2. 地面控制部分

地面控制部分负责 IRNSS 系统空间星座的维护和操作,具体由下列部分组成:ISRO 导航中心、IRNSS 航天器控制设施、IRNSS 测距和完好性监测站、IRNSS 时间中心、IRNSSCDMA 测距站、激光测距站和数据通信网络。

3. 用户部分

用户部分功能如图 5-19 所示,主要包括单频用户接收 L5 或 S 波段频率的标准定位服务,双频用户接收 L5 和 S 波段频率的标准定位服务,可同时处理 IRNSS 和其他 GNSS 信号。

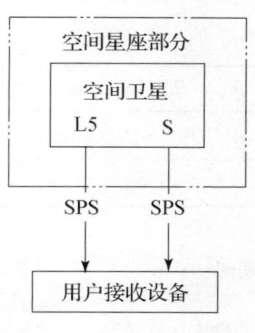

图 5-19 空间部分与用户部分间接口

5.4.2 IRNSS 的时空基准

1. IRNSS 的时间基准

IRNSS 采用原子时,表达方式为"周+秒",起点为协调世界时 1999 年 8 月 21 日 23 时 59 分 47 秒。

GPS 系统时间起点为协调世界时 1980 年 1 月 6 日 0 时,同时其周数最大值为 1023,第一次达到最大值是在 1999 年 8 月 22 日,然后从 0 开始。

根据 1980 年 1 月 6 日至 1999 年 8 月 22 日之间闰秒和周数置 0 的情况,在 IRNSS 时开始时刻月 GPS 系统时间一致,在表达方式上也完全一致。

2. IRNSS 的空间基准

IRNSS 采用与 GPS 相同的坐标系统 WGS84,根据 ICD-GPS-200 对

WGS84 坐标系的定义为:坐标原点位于地球质心;Z 轴平行于指向 BIH 定义的国际协议原点 CIO;X 轴指向 WGS84 参考子午面与平均天文赤道面的交点,WGS84 参考子午面平行于 BIH 定义的零子午面;Y 轴满足右手坐标系。

5.4.3 IRNSS 的信号结构

1. IRNSS 信号基本结构

如表 5-14 所示,IRNSS 卫星提供的标准定位服务发播 L5 和 S 两个频段的导航信号,信号频率范围见图 5-20。系统发播的载波上调制有定位导航所需要的伪随机测距码和导航电文。

表 5-14 IRNSS 载波频率和带宽

信 号	频 率	带 宽
SPS-L5	1176.45 MHz	24 MHz（1164.45~1188.45 MHz）
SPS-S	2492.028 MHz	16.5MHz（2483.50~2500.00MHz）

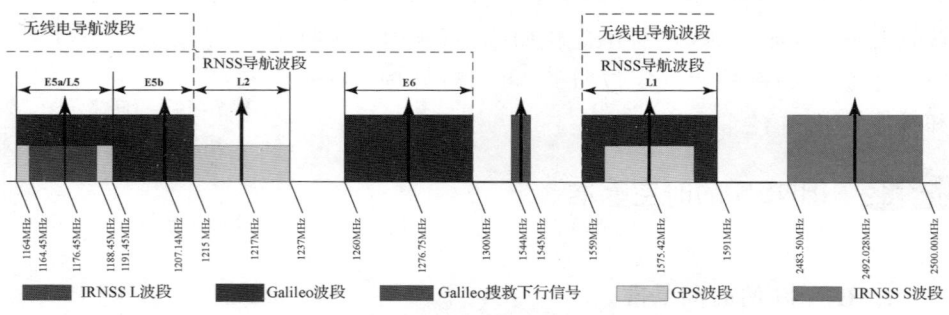

图 5-20 IRNSS 导航信号波段频率范围

IRNSS 标准定位服务信号采用 BPSK 的方式调制到 L5 和 S 频段上,导航数据以 50sps（1/2 倍率的 FEC 编码）的速率模二和的方式加载到码速率为 1.023MHz 伪随机测距码上,伪随机测距码调制到 L5 和 S 频段上。

IRNSS 系统保证地面用户接收功率如表 5-15 所示。

表 5-15 IRNSS 用户接收功率

信号	信号组成	最小接收功率/dBW	最大接收功率/dBW
SPS-L5	SPS BPSK	-159.0	-154.0
SPS-S	SPS BPSK	-162.3	-157.3

5.4.4　IRNSS 的伪随机测距码

IRNSS 标准定位服务信号采用相关特性良好的伪随机测距码作为测距码。系统采用的伪随机测距码特征如表 5 – 16 所示。

表 5 – 16　IRNSS 采用的伪随机测距码长度

信号	码长/ms	主码/码片	次码/码片
SPS – L5	1ms	1023	—
SPS – S	1ms	1023	—

5.4.5　IRNSS 的导航电文

IRNSS 标准定位服务导航电文由主帧、子帧构成，每个主帧包含 4 个子帧，每个子帧由 600 个以 50sps 速率传播的符号组成，子帧有 16 个比特的同步字和 584 个交织过的符号组成，子帧格式如表 5 – 17 所示。

表 5 – 17　IRNSS 子帧结构

600 符号	
同步码	子帧
16bit	584 符号

IRNSS 导航电文主帧结构如表 5 – 18 所示，包含 2400 个符号，由 4 个子帧组成，每个子帧包含 600 个符号。子帧 1、2 播发主要导航参数，子帧 3、4 播发次要导航参数。所有子帧均播发遥测字 TLM、周内秒计数 TOWC、告警信息 Alert、自主导航、子帧号、备用比特、导航数据、CRC 校验、尾部比特。子帧 3、4 另外播发信息号 Message ID 和卫星号 PRN – ID。

表 5 – 18　主帧结构

主帧			
子帧 1	子帧 2	子帧 3	子帧 4
600 符号	600 符号	600 符号	600 符号

每个子帧长度为 292bit（不包括 FEC 编码和同步字），子帧以 8bit 遥测字 TLM 开始，以 24bit CRC 校验和 6bit 尾字节"Tail"结尾。子帧中还包含周内时间

计数 TOWC、告警字 ALERT、用来标识导航电文是否及时更新的 AUTONAV、子帧号 SUBFRAMEID、备用字 SPARE。

5.4.6　IRNSS 的服务

IRNSS 系统服务区域为 30°S～50°N、E30°～130°E，服务区域约为印度国界外 1500km。

IRNSS 提供对所有用户公开的标准定位服务（Standard Position Services，SPS）和对授权用户提供加密数据的授权服务（Restricted Service，RS）两种服务方式，标准服务定位精度 10m，授权服务定位精度 0.1m。

5.4.7　IRNSS 的发展

1. IRNSS 星座发展

印度政府计划将 IRNSS 的星座由 7 颗卫星扩展到 11 颗，以增强系统覆盖性，并对卫星采用新的星载原子钟。

2. 印度全球导航系统

印度空间部在第 12 个五年规划中提出建设印度全球导航系统（Global Indian Navigational System，GINS），系统计划部署 24 颗高度为 $2.4 \times 10^4 \mathrm{km}$ 的卫星，2013 年已开始申请轨道和频率。

第 6 章
差分卫星定位

差分技术是在不同测站的观测量之间进行求差,用于消除影响导航定位的公共误差和公共因素影响的一种通用技术,差分技术在卫星导航定位中的应用,统称为差分卫星导航定位。

6.1 差分卫星定位概述

6.1.1 差分卫星定位理论基础

卫星差分导航定位能够提高流动站定位精度是基于影响导航定位精度的误差具有时空相关性。在一定空间范围内,两个不同测站在相同历元观测相同的卫星,由于距离不远两个测站观测值中的误差相近(空间相关性);相同测站在相邻历元间观测相同的卫星,由于时间间隔不大,观测量中所包含的误差影响大体相同(时间相关性)。差分定位就是利用误差的时空相关性,对观测量之间进行求差,消除公共误差和公共参数而实现。

差分卫星定位的基本思想是:在坐标为已知的基准站安置卫星接收设备,对所有可见的卫星进行连续地观测,可得基准站的卫星观测量。根据基准站的已知坐标和观测信息,计算出卫星差分改正信息,并将差分改正信息发播给流动站的用户。流动站根据差分改正信息来修正同步观测的相应观测量,进而计算消除误差的流动站位置。

6.1.2 差分卫星定位基本原理

通过前面学习我们知道,影响卫星定位精度的误差源包括卫星轨道误差、卫星钟误差、电离层误差、对流层误差、接收机内部噪声、多径效应等。利用差分技术无法消除接收机内部噪声、多径效应误差,但可以完全消除卫星轨道误差、卫星钟误差,很大程度上消除电离层误差、对流层误差(主要取决于基准站和差分用户之间的距离)。因此,在基准站周围一定范围内的卫星导航定位用户,通过接收差分改正信息用以改正自己的误差,可以提高定位精度。

差分卫星定位的工作原理如图6-1所示，在一个已知精确坐标的点上架设GNSS接收机（该点称为基准站或参考站），基准站上接收机连续观测卫星导航信号，将测量得到的基准站坐标或星地的距离数据与已知的坐标、星地距离数据进行比较，确定相应的改正数信息，然后将改正信息通过通信链路发播给覆盖区域内的用户（称为差分用户，也可称流动站），用以计算流动站的定位结果，提高定位精度。

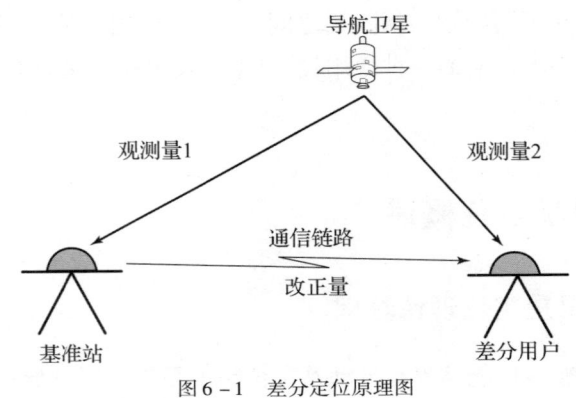

图6-1　差分定位原理图

6.1.3　差分卫星定位系统组成

根据差分卫星定位原理，差分卫星定位系统构成如图6-2所示，包括基准站、通信链路和流动站三部分组成。

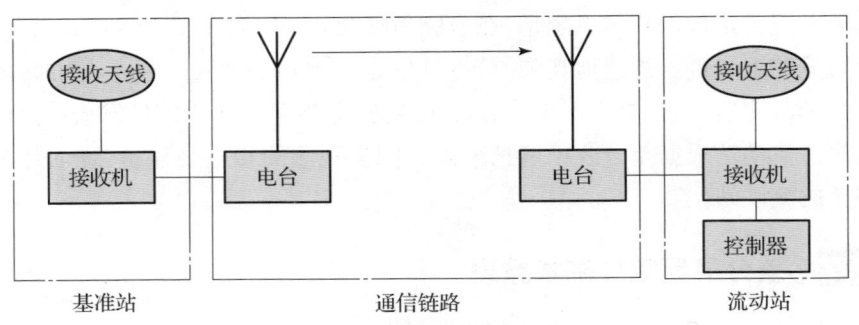

图6-2　差分定位系统组成

基准站的坐标精确已知，在基准站接收所有可视卫星的观测信息，包括伪距、载波相位和导航电文等。由于基准站的坐标已知，可以算出差分改正信息。基准站需要发送给流动站的还包括基准站自身的一些信息，如基准站的坐标和天线高等。

通信链路是基准站和用户之间的纽带，通过通信链路将基准站的差分信号传输至流动站。数据链是由数字通信协议和硬件设备组成,硬件设备包括调制解调器和电台。调制解调器将原始观测值或改正信息进行编码和调制,然后通过电台上发射出去。用户电台将其接收下来,解调后送入接收机进行解码和计算。电台是将调制后的数据变成电磁波信号发射出去,使用户能可靠地接收。采用的通信设备可分为:甚高频 VHF(30~300MHz) 和超高频 UHF(0.3~3.0GHz) 网络、中频 MF(300~3000kHz) 和低频 LF(30~300kHz) 地波传输、移动卫星传输和移动通信技术传输四大类。

流动站接收机不仅接收卫星信号,同时还接收由通信链路发送来的基准站差分改正信息,将接收到的所有信息送到控制器(如计算机),并利用相应的计算软件实时解算出流动站的坐标。

6.1.4 差分卫星定位分类

差分卫星定位技术按照不同的分类标准有不同的分类方法,通常的分类方法有以下几种。

按差分改正观测信息不同分为位置差分、伪距差分和载波相位差分等。位置差分是以参考站接收机的定位结果与准确坐标的差值作为改正信息;伪距差分是以每颗卫星到参考站接收机的伪距观测量与准确距离的差值作为改正信息;载波相位差分是以参考站接收机的载波相位观测量作为改正信息,与流动站接收机获得的载波相位观测量进行求差数据处理。

按参与的基准站数量不同分为单基站差分和多基准站差分两种。单基站差分只有一个基准站参与,具有系统结构、算法简单和技术成熟等优点,主要用于小范围的差分定位工作。对于较大范围的区域,则应用多基准站差分。

按对误差处理方式不同分为局域差分、广域差分和网络差分三种。局域差分在进行差分改正信息数据处理时不对误差进行分类处理,只计算所有误差的综合影响;广域差分则根据误差的性质不同,进行分类处理,如分别计算轨道误差、卫星钟误差、电离层误差等;网络差分是建立连续运行参考站网络,观测 GNSS 数据并利用互联网将数据传输到数据中心,在数据中心形成误差改正参数,用户无线网络获得改正数,最常用的是连续运行参考站技术。

按差分计算的实时性不同分为实时差分、事后差分。实时差分由通信链路实时传送差分改正信息,流动站在观测的同时直接进行差分改正计算。事后差分不需要数据通信链,观测结束后,将参考站和流动站的观测数据拷入同一台计算机利用数据处理软件进行事后进行差分计算。相对于实时差分,事后差分具有高精度、高可靠性的特点。

6.2 差分卫星定位算法

6.2.1 位置差分

位置差分是将基准站接收机的定位结果与基准站准确坐标的差值作为改正信息,改正流动站接收机的定位结果,其基本原理和过程如图6-3所示,基准站的接收机取得定位结果,并计算定位结果与准确位置之间的差值作为位置差分改正信息;然后将差分改正信息发播给用户;最后,用户利用接收到的位置差分改正信息改正自身的定位结果,就达到了消去公共误差,提高定位精度的目的。

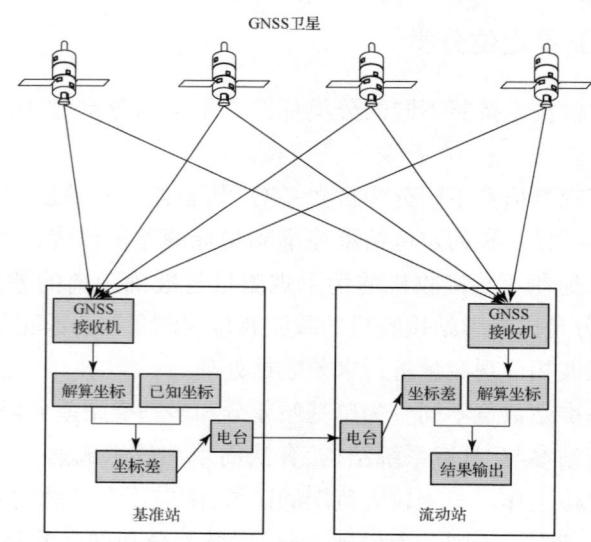

图6-3 位置差分示意图

在基准站上的接收机和差分用户接收机对相同卫星进行了同步观测,基准站接收机的定位结果为(X_R^*, Y_R^*, Z_R^*)。由于存在轨道误差、时钟误差、大气影响、多路径效应、接收机噪声等,解算出的基准站坐标与已知坐标(X_0, Y_0, Z_0)不一致,坐标差$(\Delta X, \Delta Y, \Delta Z)$为

$$\begin{cases} \Delta X = X_R^* - X_0 \\ \Delta Y = Y_R^* - Y_0 \\ \Delta Z = Z_R^* - Z_0 \end{cases} \quad (6-1)$$

式中:$(\Delta X, \Delta Y, \Delta Z)$为差分改正数。通常认为基准站差分改正数与差分用户的误差影响一致,并通过数据链发送给差分用户。用户接收差分改正数后对其解

算的流动站坐标进行改正。

$$\begin{cases} X_u = X_u^* - \Delta X \\ Y_u = Y_u^* - \Delta Y \\ Z_u = Z_u^* - \Delta Z \end{cases} \quad (6-2)$$

式中：(X_u^*, Y_u^*, Z_u^*) 为用户接收机自身观测结果；(X_u, Y_u, Z_u) 为经过差分改正后的用户坐标。

位置差分定位有效地削弱了导航定位中系统误差源的影响，如卫星钟误差、卫星星历误差、电离层传播延迟误差等。由于位置差分是将定位误差与观测误差、观测卫星的情况综合在一起，因而影响削弱的效果取决于两个因素：一是对于两个站的观测量的系统误差是否相同，其差值越大则效果越差；二是两个站所测卫星是否相同，以及几何分布是否相同，相差越大则效果越差。

位置差分方式的优点是计算方法简单，适用于各种型号的卫星导航接收机；但存在着要求流动站和参考站观测完全相同的卫星的局限性。

6.2.2 伪距差分

伪距差分是针对位置差分需要参考站与流动站同步观测完全相同的卫星而提出的一种针对单颗卫星计算伪距差分改正信息的差分技术，其基本原理和过程如图 6-4 所示，基准站的接收机测得它到所观测卫星的距离，并将计算得到的真实距离与含有误差的伪距测量值加以比较并求出其测距误差；然后将所有

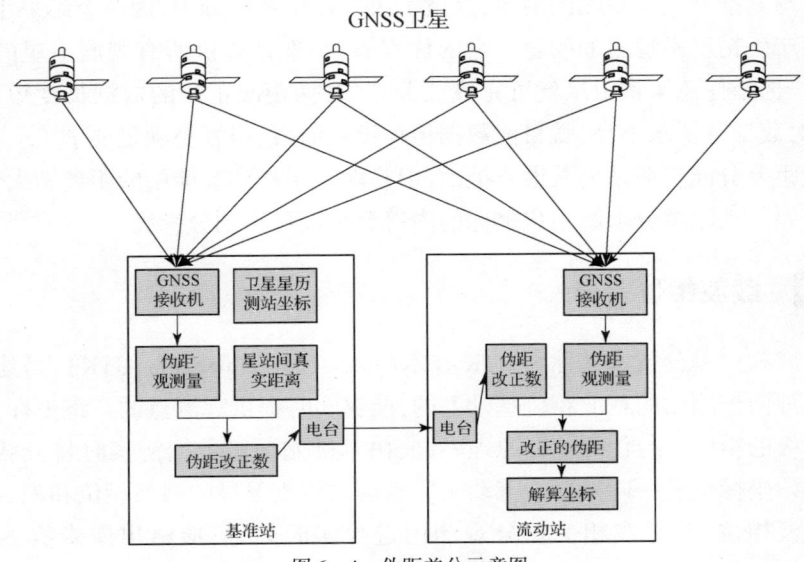

图 6-4 伪距差分示意图

的可视卫星的测距误差发播给用户,用户利用该测距误差来改正相应卫星的伪距观测量;最后,用户利用获得消除或减弱误差的伪距观测量求解自身的位置坐标,就达到了消去公共误差,提高定位精度的目的。

假设基准站接收机对 S^j 卫星进行观测,得到了伪距观测量 ρ^j;同时利用接收机观测的导航电文计算 S^j 卫星位置为 (X^j,Y^j,Z^j);已知基准站坐标 (X_0,Y_0,Z_0)。则基准站到 S^j 卫星的几何距离 R^j 为

$$R^j = \sqrt{(X^j - X_0)^2 + (Y^j - Y_0)^2 + (Z^j - Z_0)^2} \quad (6-3)$$

基准站接收机测量的伪距包括各种误差,所以与几何距离不一致,相应的差值(卫星 S^j 的伪距改正数)为

$$\Delta\rho^j = \rho^j - R^j - c \cdot \delta t_r \quad (6-4)$$

式中:$c \cdot \delta t_r$ 为接收机钟差的等效伪距。

伪距改正信息 $\Delta\rho^j$ 通过通讯链路发送到差分用户,并被用户所接收。

假设差分用户也观测了 S^j 卫星,相应的伪距观测量为 ρ_u^j。通常认为同一颗卫星到相距不远的两个测站的伪距误差是一致的,利用基准站的伪距改正信息对流动站的伪距 ρ_u^j 进行如下改正:

$$R_u^j + c \cdot \delta t_u = \rho_u^j + \Delta\rho^j \quad (6-5)$$

即为差分用户伪距观测方程,如果同步观测了 4 颗以上卫星,差分用户就可以实现定位。

伪距差分是在流动站取得基准站伪距改正数后进行定位解算,在解算过程中只取与基准站共同观测的卫星,这就解决了在位置差分中,因两个站采用不同卫星而产生精度不稳定的问题。它的优点有:基准站提供所有观测卫星的改正数,用户选择任意 4 颗卫星就可完成差分定位;伪距改正量的数据长度短,更新率低,对数据链要求不高,就目前数据传输设备而言,很容易满足要求。

伪距差分能将两站公共误差抵消,但是随着用户到基准站的距离增大,效果逐渐变差。伪距差分求解用户坐标的内符合精度可达到分米级。

6.2.3 载波相位差分

载波相位差分技术又称为 RTK 技术(Real Time Kinematic,RTK),是建立在实时处理两个测站的载波相位基础上的,能够实时提供观测点的三维坐标,并达到厘米级的精度。与伪距差分原理不同,由基准站通过数据链实时将其载波观测量及站坐标信息一同发播给流动站。流动站接收卫星的载波相位和来自基准站的载波相位,并组成相位差分观测值进行实时处理,能给出厘米级的定位结果。

由于RTK技术的测量精度高、时间短,在快速静态测量、动态测量、准动态测量中得到广泛的应用,能快速高精度建立工程控制网和实际工程作业。但是,这一技术仍然存在着局限性,如基准站信号的传输延时,给实时定位带来误差。高波特率数据传输的可靠性及电台干扰更是影响工作的关键技术。

6.3 局域差分

　　前面介绍的位置差分、伪距差分和载波相位差分都是由一个参考站提供差分改正数据的单基准站差分。单基准站差分系统的原理、构成和算法简单、技术成熟,适合于小范围的差分导航定位。然而在单基准站差分系统中,由于系统只有一个基准站提供差分改正信息,导致差分系统的可靠性较差。当基准站或通信链路出现故障时,服务区域内的所有用户无法工作;当改正信号在传输过程中出现错误时,会导致流动站用户的定位结果出错。另外,单基准站差分系统是建立在影响参考站与流动站定位误差的时空相关性这一基础之上的,当用户与基准站之间的距离不断增大时,这种误差相关性将变得越来越弱,从而使用户的定位精度迅速下降。为解决此问题,出现了多基准站的局域差分系统。

　　局域差分系统是在某一局部区域中布设若干个基准站,各基准站进行独立观测,分别计算差分改正信息并向外发播,位于该局部差分系统区域中的用户,通常采用加权平均法或最小方差法对来自多个基准站的改正信息进行平差计算,求得自己的坐标改正数或距离改正数。由于流动站用户可以接收到多个基准站的差分改正数据,为保证系统正常运行,局域差分差分应对参考站提供的差分改正信息的类型、内容、结构、格式及各站的标识符等作统一规定。

　　由于采用了多个基准站,局域差分技术较单基准站差分技术可应用于更大范围内的导航定位,并且系统的可靠性和用户的定位精度都有较大程度的提高。当个别基准站出现故障时,整个差分系统仍能维持运行。同时用户通过对来自不同基准站的改正信息进行相互比较,通常可以识别并剔除个别基准站的错误信息。

　　由于多基准站局域差分是在多个单基准站独立工作的前提下,流动站采用多个基准站的差分改正信息,其提高定位精度的原理是建立在影响基准站和流动站定位误差的时空相关性的基础上的。通常要求基准站和流动站的距离不超过50km。随着基准站与流动站之间距离的增大,误差影响的差异性会显著地增大。采用多基准站局域差分对基准站和流动站之间距离的要求和定位精度的都有较大改善。

对于多基准站局域差分系统而言,其导航定位精度,主要决定于基准站的密度和所提供的改正量的精度。目前,采用坐标改正量一般可达米级,采用伪距改正量一般可达分米级,采用载波相位改正量一般可达厘米级甚至毫米级。

多基准站局域差分可广泛地应用于空中、海上、陆地和内河航运等运动目标的精密导航工作。

6.4 广域差分

单站差分和多基准站局域差分在差分改正信息的获取中是把各种误差源所造成的影响综合在一起考虑的,认为各种误差对基准站和流动站的影响方式是一致的。而实际上不同的误差源对差分定位的影响方式和规律是不相同的,卫星轨道误差对差分用户定位的影响与其离基准站的距离成正比,卫星钟差对差分定位的影响对所有用户的影响在同一时刻完全相同,大气延迟误差则与穿透点紧密相关。因此,对各种误差源所造成的综合影响统一进行处理的方式制约了参考站的作用范围,会影响导航定位的精度。

在大范围差分导航定位中,为了提高精度,需要采用一种对误差分类处理的差分定位技术,即广域差分技术。广域差分和局域差分的区别不是作用范围的大小,而是其数据处理方式的不同。

6.4.1 系统构成

广域差分系统构成由一个主控站、若干个卫星跟踪站、用户及其相应的数据差分信息播发站和数据通信网络组成的一个系统。

卫星跟踪站在服务区内分布应当广泛,卫星跟踪站上配置 GNSS 接收机和气象采集设备,采集所有可观测到的卫星的观测数据和气象数据,并通过数据通信网络发送到主控站。

主控站上配置 GNSS 接收机、气象设备、计算机以及差分数据计算软件,本身也具有跟踪站的功能,收集所有卫星跟踪站采集到的数据,对误差进行分类处理,形成差分改正信息,并通过数据通信网络向用户播发。

数据通信网络的功能是通过有线的方式实现卫星跟踪站与主控站之间数据的传输,差分信息播发站的功能是向用户播发差分改正信息,可以通过地面无线电台、移动无线网络,也可以是地球同步卫星,北斗三号系统的星基增强采用的就是广域差分技术。

6.4.2 基本原理

广域差分原理基本思想是对影响卫星导航定位的各种误差源进行分类,并对各种误差源进行建模,计算得到模型改正参数,然后将计算得到参数通过数据链链路发播给用户,达到削弱差分用户定位的误差源影响,改善用户导航定位精度的目的。

广域差分主要针对下列三类误差。

(1)星历误差:实时导航定位采用广播星历,是一种精度不高的外推星历,它是卫星导航定位的主要误差之一。广域差分技术布设地面观测站,对卫星进行精密定轨,确定精密星历以取代广播星历。

(2)大气延迟误差(包括电离层延迟和对流层延迟):常规差分技术提供的是基准站处大气层延迟误差综合改正信息,当用户距离基准站较远时,两地大气层的电子密度和水汽密度不同,对卫星导航信号的延迟也不一样,这时如果使用基准站处的大气延迟量来代替用户的大气延迟必然引起额外的误差。广域差分技术通过建立精确的大气延迟模型,利用参考站网络计算模型参数,用户根据模型和参数能够精确地计算出作用区域内的大气延迟量。

(3)卫星钟差误差:常规差分技术利用广播星历提供的卫星钟差改正参数,广播星历提供的卫星钟改正参数是一种精度不高的外推参数,这个改正数仅近似反映了卫星钟与导航系统时间的物理差异,而广域差分技术可以计算出卫星瞬时的精确钟差值。

6.4.3 系统特点

广域差分技术区分误差源的目的是为了最大限度地降低监测站与流动站间定位误差的时空相关性,改善和提高局域差分技术中实时差分定位的精度。同局域差分相比,广域差分有如下特点。

1)服务范围广

由于采用移动通信和卫星通信,基准站和流动站间的距离原则上是没有限制的,广域差分的覆盖区域可以扩展到局域差分不易作用的地域,如远洋、沙漠、森林等。

2)精度均匀

广域差分的导航精度与距离基准站的远近关系不大,主要取决于系统误差源的测定精度、拟合精度和模型精度,在覆盖范围内任意地区定位精度相当。随着距离的增大,定位精度不会出现明显的下降。

3）经济效益好

建立大范围应用的广域差分系统，需要建设的跟踪站数量少。应用中无需每次布设基准站，对应用来说比局域差分具有更大的经济效益。

4）技术复杂、维护困难

广域差分系统硬件设备及通信工具昂贵，数据处理与传输过程复杂，建设、运行和维护成本高。

6.5 网络差分

网络差分是利用参考站网络形成差分改正信息，并通过互联网发播的一种GNSS差分方法，常用的是连续运行参考站技术。

传统差分技术是基于影响卫星定位的误差具有强时空相关性，但当距离增大时，这种相关性急剧减弱。连续运行参考站技术是将影响卫星导航定位的误差分类建模，根据需要发送模型参数供用户使用，可以很好地克服时空相关性带来的限制，距离可以增加很多同时差分精度不会下降。

连续运行参考站（Continuously Operating Reference System，CORS）是由一个或若干个固定的、连续运行的 GNSS 参考站，利用现代计算机、数据通信和互联网（LAN/WAN）技术组成的网络，实时的通过 GSM/GPRS 无线电话或互联网向不同类型、不同需求、不同层次的用户自动地提供经检验的不同类型的 GNSS 观测值（伪距、载波相位），各种改正数、状态信息，以及其他有关服务项目的系统。

6.5.1 系统构成

CORS 系统由参考站网、数据中心、通信网络和用户等 4 部分组成，各部分有通信网络连成一体。

参考站网有控制区域内均匀分布的参考站组成，参考站之间距离 50～100km，参考站由 GNSS 设备、计算机、气象设备和通信设备组成，具备长期连续跟踪和记录卫星信号的能力，是 CORS 的数据源。

数据中心由计算机、网络和软件系统构成，可分为系统控制中心和用户数据中心。系统控制中心是 CORS 的中枢，是实现高精度定位的核心，该中心 24h 连续不间断根据基准站采集的事实观测数据在区域内进行整体建模解算，并通过数据通信网络和无线数据播发网向各类用户提供码相位/载波相位修正信息，以便实时解算出流动站的精确位置。用户数据中心通过下行链路，将控制中心的数据成果传递给用户。

数据通信网络由公用或专用的通信网络构成，主要功能是把基准站 GNSS 观测数据传输至系统控制中心、把系统差分信息传输至用户等。

用户部分由接收机、无线通信模块组成，主要功能是按照用户需求进行不同精度定位。按照应用的精度不同，可分为毫米级、厘米级、分米级、米级用户服务。

6.5.2 基本原理

当前常用连续运行参考站技术算法上有主辅站技术、虚拟参考站技术等，这两种技术基本原理一致，本章以虚拟参考站技术为主进行介绍。

虚拟参考站（Virtual Reference Station，VRS）原理如图 6 – 5 所示，各固定参考站不直接向移动用户发送任何改正信息，而是将所有的原始数据通过数据通信线发给控制中心。同时，移动用户在工作前，先通过 GSM 的短信息功能向控制中心发送一个概略坐标，控制中心收到这个位置信息后，根据用户位置，由计算机自动选择最佳的一组固定基准站，根据这些站发来的信息，整体的改正 GNSS 的轨道误差，电离层，对流层和大气折射引起的误差，将高精度的差分信号发给移动站。这个差分信号的效果相当于在移动站旁边，生成一个虚拟的参考基站，从而解决了 RTK 作业距离上的限制问题，并保证了用户的精度。

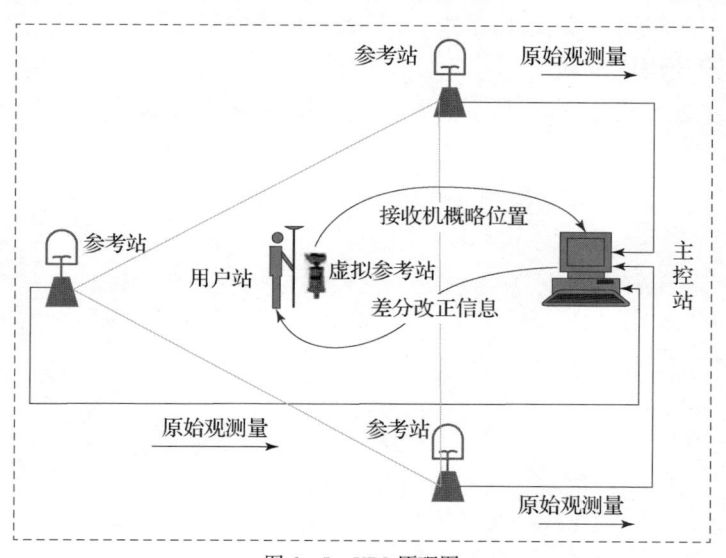

图 6 – 5　VRS 原理图

VRS 技术就是利用各基准站的坐标和实时观测数据解算该区域实时误差模型，然后对用一定的数学模型和流动站概略坐标，模拟出一个临近流动站的虚拟参考站的观测数据，然后建立观测方程解算，虚拟参考站到流动站间这一超短基线。虚拟参考站极有可能就是运用的概略坐标,这样的话,由于单点定位的精度,虚拟参考站到流动站的距离一般为几米到几十米,如果将流动站发送给处理中心的观测值进行双差处理后建立虚拟参考站的话,这一基线长度可能只有数米。

6.5.3 系统特点

连续运行参考站系统最大限度地降低监测站与流动站间定位误差的时空相关性,具有如下特点。

1) 精度均匀

系统将误差分离建模,在虚拟位置处生成参考站,全网精度均匀。

2) 稳定可靠

虚拟参考站系统的显著优点就是它的成果的可靠性、信号可利用性和精度水平在系统的有效覆盖范围内大致均匀,与最近参考站的距离没有明显的相关性。

3) 实时性好

连续运行参考站系统具有规模化、服务实时化和定位服务实时化的特点。

4) 可分类保障

可为用户提供毫米级、厘米级、分米级和米级的定位导航服务。

5) 用户使用成本低

用户在进行差分定位时,不需要布设参考站,使用成本低。

第7章 卫星导航安全对抗

全球卫星导航系统 GNSS 具有覆盖范围广、使用成本低的特点而被广泛应用于社会各个领域。目前全球四大主要导航系统 GPS、GLONASS、Galileo 和 BDS 都已免费提供导航、定位和授时服务。GNSS 均采用高轨卫星，高轨卫星落地信号功率很低，如 GPS 的民用测距码落地信号功率为 -158.5dBW。接收这种强度的信号相当于人眼去观察 1600km 以外一个 25W 灯泡发出的光，极易受到自然环境及人为因素的干扰。功率为 1W 的干扰源可使半径 25km 范围内的民用接收机全部瘫痪。1997 年美军正式提出导航战的概念，开始了针对卫星导航的干扰与抗干扰。同时，地面电磁信号越来越多，针对卫星导航信号的人为和非人为干扰日益增多，导致导航信号使用严重受限。

7.1 导航安全监测评估

导航安全监测评估是指监测和评估卫星导航服务能力、性能，为用户导航安全提供基础和保障。

导航安全监测评估包括空间信号质量和系统服务性能两个方面。

7.1.1 空间信号质量

卫星导航的空间信号质量包括空间信号精度、空间信号连续性和空间信号可用性。

空间信号精度采用"健康"空间信号误差的统计量表示，主要包括 4 个参数：空间信号测距误差(SISRE)、空间信号测距变化率误差(SISRRE)、空间信号测距二阶变化率误差(SISRAE)、协调世界时偏差误差(UTCOE)。空间信号测距误差采用瞬时统计值表示，指已知用户位置和钟差条件下，观测卫星空间信号所得到的伪距测量值与采用导航电文参数所得到的星地距离值之差，仅考虑与空间段与地面控制段相关的误差。

空间信号连续性是指一个"健康"状态的公开服务空间信号能在规定时间

段内不发生非计划中断而持续工作的概率。信号中断是指北斗卫星不能播发状态为"健康"的空间信号,包括卫星不播发信号、播发非标准码,或信号状态为"不健康"或"边缘"。信号中断包括计划中断和非计划中断。计划中断是指在卫星信号预计将不符合系统规定的性能时,提前发出通知的卫星信号中断。非计划中断是指计划中断之外的由系统故障或维修事件等造成的卫星信号中断。中断信息发布时间是指北斗卫星信号中断信息在计划中断之前或非计划中断之后发出通知的时间间隔。提前发出通知的计划中断不会影响连续性。非计划中断应在中断发生后尽快发出通知。

空间信号可用性是指北斗系统标称空间星座中规定的轨道位置上的卫星提供"健康"状态的空间信号的概率。空间信号可用性分为单星可用性和星座可用性。单星可用性是指空间星座中某一个规定轨道的卫星提供"健康"状态的空间信号的概率。星座可用性是指在空间星座中规定轨道,规定数量的卫星提供"健康"状态空间信号的概率。每个空间信号具有单独的单星可用性和星座可用性。

7.1.2 系统服务性能

卫星导航系统的服务性能包括服务精度和服务可用性。

服务精度包括定位精度、测速精度和授时精度。定位精度是指用户使用公开服务信号确定的位置与其真实位置之差的统计值,包括水平定位精度和垂直定位精度。测速精度是指用户使用公开服务信号确定的速度与其真实速度之差的统计值。授时精度是指用户使用公开服务信号确定的时间与系统时之差的统计值。

服务可用性是指可服务时间与期望服务时间之比。可服务时间是指在给定区域内服务指标满足规定性能标准的时间。服务可用性包括位置精度衰减因子(PDOP)可用性和定位服务可用性。PDOP可用性是指规定时间内、规定条件下,满足限值要求的时间百分比。定位服务可用性是指规定时间内、规定条件下,水平和垂直定位误差满足精度限值要求的时间百分比。

7.2 卫星导航干扰技术

7.2.1 卫星导航干扰的概念

卫星导航干扰就是针对卫星导航系统、信号或用户进行攻击,使被攻击方无法使用卫星导航或错误使用的过程或手段。导航干扰可以针对系统、信号传播和用户使用,本节介绍如何针对用户使用进行干扰。

根据前面介绍我们了解到,卫星导航工作原理是用户接收位置、时间已知的卫星发播的导航信号,测量信号从卫星到达接收机的距离和距离变化率,从而实现定位、导航和授时的功能。要实现对用户的干扰主要是针对接收机接收到的导航信号进行。

7.2.2 导航干扰的分类

根据卫星导航干扰的概念以及利用卫星导航定位需要满足的条件,我们可以得出卫星导航干扰的分类和具体实现方法。卫星导航干扰分为压制式干扰和欺骗式干扰两大类,其中欺骗式干扰按照欺骗信号的来源又分为生成式干扰和转发式干扰两种。

压制式干扰,是针对卫星导航系统发播的信号进行,利用干扰机发射干扰信号以遮蔽卫星信号频谱,削弱甚至使被干扰接收机无法正常接收,完全失去工作能力。压制式干扰可以分为瞄准式干扰、阻塞式干扰和相关干扰,都是针对导航信号中载波直接进行干扰。

欺骗式干扰就是发射使敌方导航接收机上当的干扰信号,使敌方接收机能够接收信号并产生错误定位结果。欺骗式干扰发射的是与卫星导航系统具有相同信号格式、相同参数的假信号,干扰用户的接收机,使其产生错误的定位、导航和授时结果。

根据提供欺骗式干扰信号的方式不同,又可以分为生成式和转发式两种。生成式干扰是指在掌握导航系统信号结构的基础上,设计生成导航信号,达到欺骗效果的干扰方式。转发式干扰是指接收导航系统实际信号并分离,根据设计方案进行延时和转发,达到欺骗效果的干扰方式。

为了保证欺骗成功,通常需要多种方式结合,才能达到最佳的效果。通常先用压制式干扰使接收机中断正常信号的接收,然后向其发射诱骗信号;欺骗信号的功率略大于实际信号,使其可以优先接入;为防止敌方识别欺骗,应使接收机接收信号后的导航状态与欺骗前状态一致或接近,需要前期对其状态进行探测。

7.2.3 压制式干扰

压制式干扰就是通过发射强干扰信号或投放大量干扰器材,使敌方卫星导航设备的接收端信噪比严重降低,有用信号模糊不清或完全淹没在干扰信号之中而难以或无法正常使用的一种电子干扰方法。

压制干扰的原理比较简单,主要采取将一定频率的大功率信号送入接收机的方式,使接收机内信号载噪比降低以至无法正确捕获和跟踪卫星导航信号,严重影响接收机正常运作。压制干扰进入接收机的功率大小通常用干信比或干噪比来评估,一个接收机可容忍的干噪比或干信比是有一定范围的。除干扰功率外,干扰的样式、干扰的持续时间、干扰频率与信号频率的关系等,也都会影响接收机内载噪比的变化。全球卫星导航系统(GNSS)接收信号的载噪比一般在35~55dBHz,大于40dBHz 的一般是强信号,小于28dBHz 的视为弱信号。卫星导航信号经过射频前端和相关器信号处理后,输出的载噪比的大小会直接影响信号捕获跟踪的性能,也会影响整个接收机的定位解算性能。

压制式干扰可以分为瞄准式干扰、阻塞式干扰和相关干扰,都是针对导航信号中载波直接进行干扰。压制式干扰是目前针对卫星导航干扰的主要形式。

7.2.4 生成式干扰

1. 生成式干扰的概念

在北斗导航原理部分我们知道,卫星导航定位的基本原理是接收机接收卫星发播的导航信号,利用导航电文中的轨道参数计算卫星位置,利用测距码测量卫星导航接收机的距离,确定接收机的位置。也就是说,接收机的位置与卫星位置、卫星到接收机的距离相关。如果让接收机不接收空中实际卫星信号,我们利用卫星导航信号模拟源发出信号,使接收机接收这个设备发出的信号并能定位,并且定位结果是可以设计的,这就是卫星导航欺骗式干扰。

生成式干扰就是欺骗干扰的一种,就是利用卫星导航信号模拟源,按照设计的接收机状态,仿真生成与实际导航系统"一致"的卫星导航信号,达到欺骗目的的过程。

卫星导航信号模拟是根据导航系统接口控制文档,按照假定的卫星状态、设计的接收机状态、大气延迟,仿真生成信号接收时刻接收机应当接收到的信号。

接收机接收到仿真信号,可以获得假定的卫星位置和卫星到接收机之间的距离,经过计算可以获得接收机的设计位置、速度和时间信息。

生成式干扰仿真的应当是接收机接收到信号,其对应的时间是信号从卫星发出的时间,该信号从卫星发出到达接收机到达接收机需要一定的时间,也就是卫星到接收机之间的几何距离除以光速。

卫星导航信号能够模拟的前提是其信号结构公开,可以根据结构来设计仿真的导航信号。生成式干扰所需的模拟源发送仿真导航信号,包括载波、调制在载波上的测距码和导航电文。

载波是固定频率的正弦无线电波,只要按照其特征参数就可以生成。

测距码是周期性的,用来测量卫星到接收机的距离,从导航系统的接口控制文档中可以得到测距码的生成多项式。测距码由伪随机码生成器产生的,相同的伪随机码生成器在同一时刻生成的测距码是完全相同的。模拟时根据信号发射时刻,控制伪随机码生成器生成相应的测距码。

导航电文包含了卫星轨道、卫星钟、信号时间等信息,接口控制文档中包含了导航电文的格式。将轨道参数、卫星钟参数、时间参数,按照规定的格式编制成二进制数据流文件。导航电文仿真需要卫星轨道的参数,根据轨道参数可以计算得到相应时刻的卫星位置、速度。

根据导航信号的频率生成载波信号,再将仿真得到的测距信号、导航电文按照导航信号的调制方式加载到载波上就可以得到导航信号,合成后的信号对应的时刻与测距码和导航电文相同。

生成式干扰的优点为:自主设计、使用灵活、可实现任意状态下的欺骗干扰,操作简单。生成式干扰的缺点为:无法实现与真实信号的完全相同,无法仿真授权信号。这是由于授权信号的结构是不公开的。

2. 生成式干扰的工作过程

生成式导航干扰就是按照导航系统提供的接口控制文档,由卫星位置、接收机的位置、信号传播的空间环境等参数,模拟生成与实际导航系统"一致"的卫星导航信号,并对目标进行干扰以达到欺骗目的的过程。为了保证干扰欺骗的效果,在具备生成式干扰信号能力的基础上还应当考虑如下因素:所生成信号中卫星参数与实际参数一致或接近、仿真生成的导航信号时间与实际时间一致或接近。为迫使干扰目标接收欺骗信号,需要先对其进行压制干扰,使其对正常信号失锁。

根据生成式干扰原理和应考虑的因素,按照总体策略,对目标干扰应当按照下列步骤进行。

第一步:实际星历获取,获取实际卫星星历数据,这是生成式干扰的准备工作。我们知道,我们想要实施欺骗干扰的目标本身在正常接收实际的卫星导航信号,如果干扰前后目标接收到的导航卫星轨道参数变化较大就容易被识别出来,这就要求在生成干扰信号时的卫星轨道参数与实际情况一致。如图 7 - 1 所示,采用一台测量型 GNSS 接收机接收天空中的导航卫星信号,解调获取空中的实际卫星星历并进行外推使目标接收到的星历在诱骗前后一致,提供给干扰设备可以在一定程度上防止识别诱骗。采集时间长度需要大于导航电文的一个超帧,通常 15min 就可以满足要求。

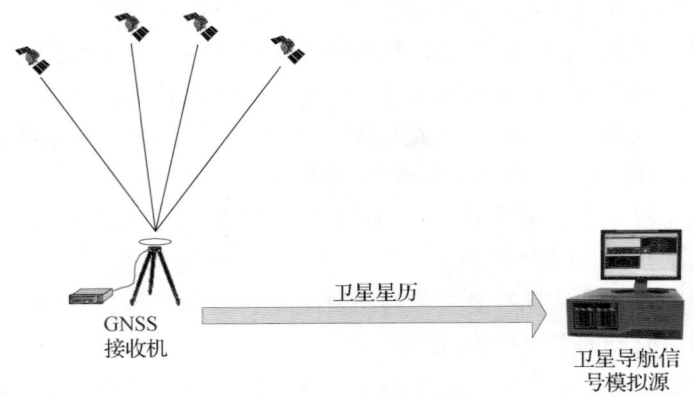

图 7-1 实际星历获取示意图

第二步:精确时间同步,根据实际时间设置干扰装置,实现与原导航系统同步。在介绍导航系统工作原理时了解到其具有定位、测速和授时能力,当接收机接收导航信号后可以获取导航系统的时间。我们需要干扰的目标前期正常接收信号,已经和实际导航系统时间同步,并且接收机上有时钟在维持该时间信息。如果仿真的干扰信号与导航系统实际时间的差异较大时接收机会探测到其差异,就识别了这不是正常信号。在干扰前对生成装置进行同步授时就可以避免因为时间不同步被识别,授时的方法如图 7-2 所示。

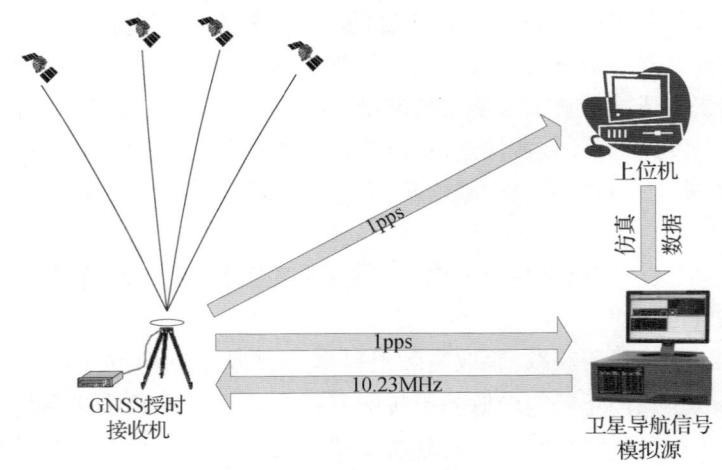

图 7-2 精确时间同步示意图

第三步:目标状态获取如图 7-3 所示,获取干扰目标的位置、速度、任务规划等。这一过程有两个方面:通过前端目标侦察单元获取干扰目标的状态,包括位置、速度和姿态等。利用技术手段获取干扰目标的位置、规划路径等信息。目标状态获取是为导航欺骗策略的制定提供满足精度和时效性信息。

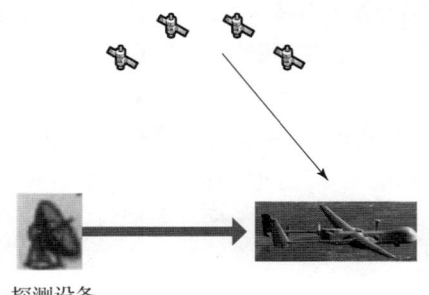

图7-3 目标状态获取示意图

第四步：干扰策略设计是根据目标状态、任务要求制定干扰欺骗策略，即根据目标的目标位置、任务位置、规划的路径，设计干扰策略，生成欺骗的导航轨迹，供生成欺骗干扰信号。

第五步：目标信号致盲，使干扰目标对实际导航信号失锁，方便干扰信号侵入，即使干扰目标对实际导航系统的信号失锁，采用的方法通常采用大功率压制干扰的方法。压制干扰的具体方式可选择宽带干扰、相干干扰等，干扰方法的选择需要充分考虑前期技术侦查获得目标导航接收机的抗干扰能力。压制式干扰可有效地使接收机对原来接收到的信号失锁，失锁后的状态一般如图7-4所示。

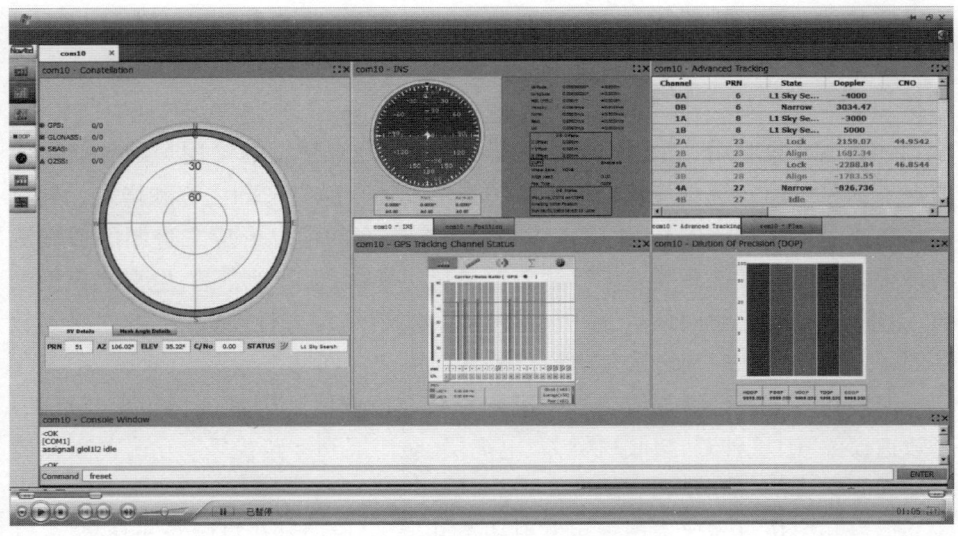

图7-4 目标信号致盲示意图

第六步：实施目标干扰，根据制定的干扰策略对目标实施干扰。根据干扰策略设计的仿真用户轨迹、实际采集的卫星星历仿真生成干扰信号，放大后向干扰目标定向发射。需要注意的是实施干扰时一定要定向发射干扰信号，不要影响到其他目标。干扰的过程中需要不断进行修正。

综上所述生成式干扰过程按照星历参数获取、精确时间同步、目标信号致盲、目标状态获取、干扰策略设计、实施目标干扰的步骤执行，在执行的过程中需要不断修正，从第四步到第六步之间循环，直至达到目标。

3. 生成式干扰的关键技术

根据生成式干扰的原理和工作过程，要达到生成式欺骗干扰的效果，模拟导航信号需要解决的关键技术有空间星座仿真、观测数据仿真、导航电文仿真、误差仿真、信号功率仿真等。

空间星座指有多颗卫星组成，卫星轨道形成稳定的空间几何构型，卫星之间保持固定的时空关系，用于完成任务的卫星系统。根据空间星座参数可以计算卫星的状态，空间星座仿真是指依据导航系统设计星座的特点，仿真生成所需的导航星座和各颗卫星轨道参数。

卫星导航观测数据仿真是计算指接收机在应当获得的观测数据，仿真中需要根据卫星轨道、用户位置、空间环境等，计算得到接收机接收到的由导航卫星发射的信号观测值。仿真的数据包括测距码、载波相位、多普勒频移和信号功率的数据。观测数据仿真需要计算的元素有卫星到接收机的几何距离、对流层延迟、电离层延迟、卫星钟差、接收机钟差等，将这几项叠加在一起就可以获得卫星到接收机的实际距离，并根据载波、测距码等换算成相应的观测量。

导航电文是利用卫星进行导航的数据基础，是卫星发播给用户的导航定位数据。卫星导航系统的接口控制文档中提供发播导航电文的内容和格式。导航电文仿真是依据规定的格式，将包含导航电文内容的信息形成二进制的数据流的过程。导航电文仿真需要的参数有卫星星历参数、卫星钟参数、电离层模型参数、卫星历书数据、时间信息、星上设备延迟差、卫星完好性参数等，将这些参数按照规定的格式和时间合成就可以得到导航电文。

误差仿真主要针对导航信号中影响导航定位精度的因素进行仿真，包括卫星轨道误差、卫星钟差、接收机钟差、电离层、对流层和多路径等。仿真的误差需要加载到仿真的观测量和导航电文中。

信号功率仿真需要考虑卫星发射功率，以及卫星信号在自由空间衰减、大气衰减、噪声衰减和天线增益等。

7.2.5 转发式干扰

1. 转发式干扰的概念

信号转发器可以转发移动通信信号,同样利用导航信号转发器可以把卫星导航信号转发到信号无法到达的地方。卫星导航信号转发又称为卫星导航信号"镜像"技术或"复制"技术。

卫星导航信号转发器工作原理如图 7-5 所示,是利用安装在外部的接收天线接收信号,将接收到的所有信号通过电缆线连接到室内,经过放大处理再利用发射天线播出来供用户使用。接收机接收到转发器通过"镜像"或"复制"方式得到的转发信号可以正常定位,接收机接收转发信号后定位的坐标应当是转发器接收天线的位置,这种转发方式无法实现欺骗干扰。

转发式导航欺骗是利用信号的自然延时来对卫星导航接收机进行干扰达到导航欺骗的目的。如图 7-6 所示,如果在信号转发的过程中对不同的卫星加上不同的时延,接收机定位的坐标就改变了,要想使定位结果为设计的位置,需要计算加在每颗卫星上的时延。设计的位置到卫星的距离与卫星到原始接收天线的距离的差值就是我们转发时应当加入的时延对应的距离。如果在转发时对不同卫星的信号进行分离,分别加上对应的时延后混合再转发。那么接收机定位的坐标就是我们设计的位置。

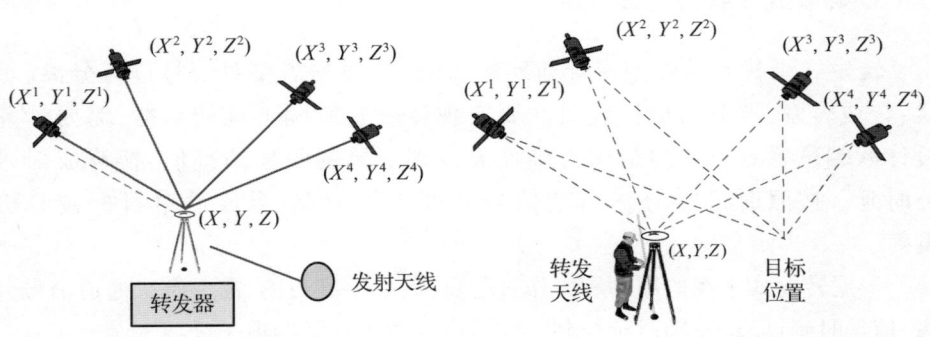

图 7-5 卫星导航信号转发原理图　　图 7-6 转发式干扰原理图

从转发式干扰的原理分析,转发式干扰的优点:无需知道导航信号的具体形式和编码方式、可实现授权信号的转发欺骗、被检测出来的风险小。这是由于转发后的信号与实际信号完全相同只是时延不一致。转发式干扰的缺点:成本高、设备复杂、操作过程复杂。这是由于转发式需要利用定向天线对每颗卫星进行单独跟踪,需要在地面上放置阵列天线对天上所有可见的 GPS 卫星进行单独信号接收，每个卫星的时延需要分别计算，还需要信号的合成。

2. 转发式干扰的工作过程

要实现转发式欺骗干扰的目的，需要计算设计欺骗位置到卫星的距离与接收天线到卫星的距离的差值，换算信号转发的时延，按照时延将接收的实际信号时刻进行调整达到欺骗的效果。根据转发式干扰原理，按照总体策略，对目标干扰应当按照下列步骤进行：导航信号采集、目标信号致盲、通道信号分离、目标状态获取、干扰策略设计和实施目标干扰，其中前四步与生成式干扰的一致。

第五步干扰策略设计，就是根据目标的目标位置、任务位置、规划的路径设计干扰策略，生成欺骗的导航轨迹和产生欺骗控制时序，并据此计算对每个卫星的通道延迟时间，驱使干扰目标到达欺骗的。

第六步实施目标干扰，根据干扰策略，设计干扰轨迹，计算信号通道时延，将分离出来的测距信号和导航电文进行时延后与载波合成形成新的导航信号。放大后向干扰目标定向发射。由于被设置了各卫星的延迟时间，变相改变了目标接收机的伪距观测量，从而实现对目标的导航欺骗，干扰的过程中需要不断地修正策略。实施干扰时一定要定向发射干扰信号，减少对其他目标的影响。

3. 转发式干扰的关键技术

转发式干扰是接收卫星导航实际信号，并根据需要对信号进行分离、延时、合成转发，欺骗目标接收机。要实现转发式欺骗干扰的功能，需要计算设计欺骗位置到卫星的距离与接收天线到卫星的距离的差值，换算成信号的时延。按照时延将分离后的信号时刻进行调整，合成后对目标接收机发射。

根据转发式干扰的原理和工作过程可知，要达到目的，需要解决通道信号分离、信号时延计算、精确时延控制和信号合成放大转发四项关键技术。

（1）信道信号分离，导航卫星发播的信号中测距码和导航电文是跟信号发射时间紧密相关的，接收机根据收到的测距码和导航电文能反映出信号的发射时间，根据接收时间和发射时间差可以获得其到卫星的距离，是接收机进行导航定位的基础。要通过转发的方式实现欺骗干扰，必须对信号的时刻进行调整，而接收机同时接收到多颗卫星的导航信号，因此需要从接收的信号中分离出指定卫星的测距码和导航电文。通道信号分离是按照导航系统规定的调制方式，从接收到的导航信号中分离出导航定位所需要的信号，包括测距码信号和导航电文信号。导航系统采用的调制方式有 BPSK、QPSK、BOC 和 AltBOC 等。分离信号时需要按照按照不同的调制方式，从每颗卫星一个通道分离出测距码和导航电文信号。

（2）信号时延计算，信号时延是指应在转发时在对应卫星的信号上叠加的时延，也就是空间几何对应的时延。空间几何距离时延是依据设计的接收机位置转发器接收天线位置、卫星位置得到的，应在原信号上增加的距离对应的时延。如果对所有可见卫星的信号进行分离，并分别加上对应的时延后混合再转发，那么接收机定位的坐标就是我们设计的位置。

（3）精确时延控制，时延控制是依据计算出来的时延将分离出来的信号，向前或向后移动进行调整。因为从导航卫星上发出信号中的测距码和导航电文对应有相应的时刻，调整后的信号对应的时间并未发生改变，但改变了信号传播的时间，用户接收到信号后，测量得到卫星到用户的距离就是就是时延调整后对应的距离。

（4）信号合成放大，信号合成是根据信号频率生成载波，并将进行时延控制后的测距码信号和导航电文信号按照规定的方式调制到载波上。用户接收到合成后的信号就可以进行导航定位，在确保时延计算和控制准确的条件下，用户获得的定位结果，就是设计的位置。

7.3 卫星导航抗干扰

7.3.1 卫星导航抗干扰技术

卫星导航抗干扰就是采取特定的技术手段对卫星导航系统和用户设备进行升级改造，确保己方在受到敌方卫星导航干扰攻击时依然能够有效利用真实准确的卫星导航信息。卫星导航抗干扰既可以是导航系统，也可以是用户接收机。导航抗干扰的最终目的则是保证用户能够有效利用准确的卫星导航信息。

卫星导航抗干扰的具体技术可根据作用环节不同分为系统端抗干扰、接收机抗干扰和组合导航抗干扰三类。

系统端抗干扰是指对卫星导航系统的发射功率、信号体制和关键节点进行针对性的升级改造以提高卫星导航系统在干扰条件下的服务能力。对卫星导航系统各个环节进行抗干扰设计目的是提升导航服务在干扰条件下的可用性，这也是传统导航系统现代化的重要内容。根据抗干扰的实现手段不同，可将系统端抗干扰技术细分为信号功率增强技术、信号体制改进设计和关键节点安全备份三种。

接收机抗干扰技术主要指导航接收机对抗强射频干扰的有关技术，是目前卫星导航抗干扰的主要研究方向。根据接收机的应用场景来设计抗干扰方法和指标，可通过不同的设计方式综合天线中频处理、数字信号处理等各阶段的特性来完成干扰检测与抑制。接收机抗干扰技术根据所需天线阵元个数分为两类：基于单天线的接收机抗干扰技术和基于天线阵列的接收机抗干扰技术。

组合导航是指两种或两种以上导航技术的组合，组合后的导航系统称为组合导航系统。每一种单一导航手段都有各自独特的优势和局限。组合导航将多种导航系统组合在一起，利用多种信息源相互补充，形成一种具有更高抗干扰性能和定位精度的多功能系统。

7.3.2 卫星导航干扰源排除

干扰源排除采用的主要措施是对阻断或干扰卫星导航系统的人为或非人为射频信号进行探测和定位，最终对其关停或摧毁。

干扰源定位采用基于方向的测向定位技术，由方向性天线或阵列天线对干扰源测量信号到达角度（来波方向），利用干扰源在某一时刻的位置与测向站（机）的相对位置关系，建立来波角度的数学关系式。一般来说，测向定位法需要几个配置在不同位置的测向站（机）组网对干扰源进行测向，然后利用各测向站（机）测量的方向进行交会计算。

交叉定位法采用如图7-7所示的图解定位技术，是测向定位的最基本方法，又称为三角定位法。它利用已知基线上配置的两个或两个以上的测向站，对

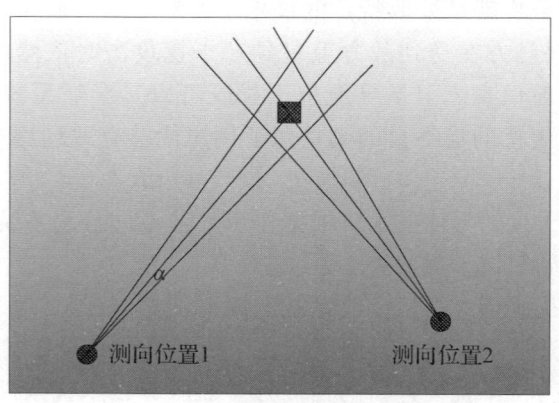

图7-7 基于测向结果的交叉定位示意图

干扰源测向后得到带有方位角的方向线。两条方向线的交会点就是干扰源的位置。理论上利用两个测向站就可以确定干扰源的位置,为了增加其准确度,通常采用两个以上测向站来确定干扰源的位置。对于固定的干扰源也可以利用移动的单一测向站在不同位置测得的来波信号方位角,运用交叉定位法计算得到干扰源的位置;对于移动的干扰目标,需要利用两个或两个以上的测向站进行测向并实现定位。

参考文献

[1] 曹冲. 北斗与 GNSS 系统概论[M]. 北京:电子工业出版社,2016.
[2] 陈向东,郑瑞锋,陈洪卿,等. 北斗授时终端及其检测技术[M]. 北京:电子工业出版社,2016.
[3] 程鹏飞,蔡艳辉,文汉江,等. 全球卫星导航系统 GPS,GLONASS,Galileo 及其他系统[M]. 北京:测绘出版社,2008.
[4] 郝金明,吕志伟. 卫星定位理论与方法[M]. 北京:解放军出版社,2017.
[5] 李征航,黄劲松. GPS 测量与数据处理[M]. 武汉:武汉出版社. 2016.
[6] 刘基余. GPS 卫星导航定位原理与方法[M]. 北京:科学出版社,2014.
[7] 刘忆宁,焦文海,张晓磊,等. 格洛纳斯卫星导航系统原理[M]. 北京:国防工业出版社,2016.
[8] 吴海涛. 北斗授时技术及其应用[M]. 北京:电子工业出版社,2016.
[9] 徐绍铨,张华海,杨志强,等. GPS 测量原理及应用[M]. 武汉:武汉大学出版社,2016.
[10] 张育林,范丽,张艳,等. 卫星星座理论与设计[M]. 北京:科学出版社,2009.
[11] 陈军,黄静华. 卫星导航定位于抗干扰技术[M]. 北京:电子工业出版社,2016.
[12] 李军正,马智刚. 北斗卫星导航原理[M]. 北京:测绘出版社,2021.